# Leitfaden

für den

# Unterricht in der Geographie

von

Dr. Adolf Dronke
Direktor des Kgl. Realgymnasiums mit Gymnasialklassen
in Trier.

---

Zweite, nach den neuen Lehrplänen umgearbeitete Auflage.

---

## I. Teil: Deutschland.

(Quinta und Obertertia.)

**Bonn.**
Verlag von J. Flittner (E. Weber's Verlag).
1894.

Fr. Lintz'sche Buchdruckerei in Trier.

# Vorwort.

Die neuen Lehrpläne für die höheren Schulen in Preußen verlangen eine vollständige Umgestaltung des Leitfadens in der Geographie sowohl der Anordnung, als auch der Behandlungsweise des Stoffes nach. Ganz in Wegfall kommt jede zusammenhängende und geordnete Betrachtung der allgemeinen physikalischen Verhältnisse, während auf den oberen Klassen doch der Einfluß der äußeren Natur auf den Menschen wenigstens in seinen Hauptzügen erkannt werden soll. Es müssen daher bei der Wiederholung der besonderen physikalischen und der politischen Geographie [das Fehlen der letztern bei der Lehraufgabe der Obertertia dürfte wohl nur ein einfaches Versehen sein] die Hauptgesetze der allgemeinen physischen Geographie erläutert werden, freilich in sehr knapper Form, da der Stundenplan im ganzen nur 1 Stunde Unterricht für die Geographie vorsieht. Der vorliegende Leitfaden enthält nun in jedem Abschnitte zunächst den für die Quinta bestimmten Lehrstoff, unter dem Striche die für den Unterricht in Obertertia bei der Wiederholung des Quintapensums nötigen Erweiterungen und Zusätze. Die §§ 32—35 gehören selbstverständlich zu dem Lehrstoffe von Obertertia. In den möglichst bald folgenden beiden andern Teilen des Leitfadens (außerdeutsches Europa und die außereuropäischen Weltteile) werden noch einzelne Abschnitte aus der allgemeinen physischen Geographie und nam. auch aus der Ethnographie behandelt werden.

Trier, 30. April 1894.

**Direktor Dr. Dronke.**

# I. Mathematische Erdkunde.

## § 1.

### Gestalt und Größe der Erde.

Steht man in der freien Natur, so sieht man mit dem Auge in jeder Richtung einen Teil der Erdoberfläche mit den Gegenständen, die sich auf derselben befinden. Die Grenze, bis zu welcher unser Auge reicht, wird **Gesichtskreis** oder **Horizont** genannt. Hemmen keine hervorragenden Gegenstände, wie Gebäude und Berge, den Blick, so sehen wir in allen Richtungen gleichweit, d. h. der Horizont ist ein Kreis.

Um die Lage der einzelnen Punkte zu bestimmen, hat man vier feste Richtungen: Norden, Süden, Osten, Westen. Die Sonne geht am 21. März und am 23. September im Osten auf, im Westen unter, um Mittag steht sie im Süden, während Norden grade entgegengesetzt zu Süden ist. Zwischen diesen Hauptrichtungen unterscheidet man noch Nordwest, Nordost, Südost und Südwest.

Steigt man auf eine Höhe — z. B. einen Kirchturm, einen Berg —, so erweitert sich der Gesichtskreis; er wird um so größer, je höher man steigt. Hieraus schließt man, daß die Erde gekrümmt sein muß. Reist man auf der Erde (mittels der Eisenbahn und des Dampfschiffes) in irgend einer Richtung stets weiter, so erreicht man nirgends ein Ende der Erde, sondern langt schließlich wieder an dem Punkte, von dem man ausgegangen ist, an. Auch diese Thatsache beweist, daß die Erde ein nach allen Richtungen gleichförmig gekrümmter, frei im Weltraume schwebender Körper ist. Sie ist eine **Kugel**.

Ihr Halbmesser — die Entfernung eines Punktes der Erdoberfläche vom Mittelpunkte — ist nahe 6370 km, der Erdumfang über 40000 km groß. Die Erdoberfläche übersteigt 9¼ Mill. Quadratmeilen oder 500 Mill. qkm und ist somit fast eintausendmal so groß als Deutschland.

Eine Kugel, welche die Erde — stark verkleinert — darstellt, wird **Globus** genannt.

Denkt man sich irgend einen Punkt der Erdoberfläche mit dem Mittelpunkte verbunden und diese Linie (Halbmesser) verlängert bis wieder zur Oberfläche, so erhält man den sog. Gegen- oder Antipodenpunkt, und man nennt die dortigen Menschen, welche natürlich auch mit ihren Füßen auf der Erde stehn, Gegenfüßler oder Antipoden.

---

Zwischen den genannten Haupt- und Neben-Himmelsgegenden liegen noch Nordnordost, Ostnordost, Ostsüdost, Südsüdost, Südsüdwest, Westsüdwest, Westnordwest, Nordnordwest, sodaß also der ganze Horizont in 16 gleiche Teile geteilt wird. Zwei aufeinander folgende Himmelsrichtungen schließen also einen Winkel von $22^1/_2{}^0$ ein. (Auf See geht man in der Teilung noch weiter und unterscheidet Nordnordwest gen Nord, Nordnordost gen Ost u. s. f.).

Die Gründe, welche uns zu der Ueberzeugung bringen, daß die Erde eine Kugelgestalt habe, sind außer den obenerwähnten noch folgende: 1) Die Erde ist ein Weltkörper wie die übrigen (Sonne, Mond, Planeten); da nun diese eine kugelförmige Gestalt haben, so schließen wir daraus, daß auch die Erde eine solche hat; 2) bei den Verfinsterungen des Mondes tritt dieser in den Schatten der Erde; da nun stets die Schattengrenze kreisrund sich zeigt, so ist also die Erde in allen Richtungen kreisförmig gekrümmt, d. h. sie ist eine Kugel; 3) geht man auf der Erde von Norden nach Süden, so sinkt der Polarstern immer tiefer, um unter dem Horizont zu verschwinden, wenn man über den Aequator hinausgeht, während am südlichen Himmel neue Sternbilder aufsteigen.

Die wirkliche Gestalt der Erde weicht, infolge der Umdrehung derselben, etwas von der vollen Kugelgestalt ab; ihre Axe ist 6356 km, der Durchmesser des Aequators aber 6378 km lang, d. h. erstere ist also kürzer (um $^1/_{293}$); während daher der Aequator einen Umfang von 40070 km besitzt, beträgt derjenige eines Meridians nur 40003 km.

## § 2.

## Drehung der Erde. Tag und Nacht. Meridiane und Parallelkreise.

Täglich sehen wir die Gestirne am östlichen Himmel aufgehen, höher am Firmamente emporsteigen, um dann wieder gegen Westen zu sinken und am westlichen Horizont wieder zu verschwinden. Dies rührt daher, daß die Erde sich dreht und zwar binnen einem Tage einmal um ihre Axe. Die Endpunkte ihrer Axe werden Pole (Nord- und Südpol) genannt.

Die größten Kreise auf der Erde, welche durch die beiden Pole gehen, heißen Meridiane oder Mittagskreise, weil alle Orte, welche auf einem solchen liegen, gleichzeitig Mittag — überhaupt genau dieselbe Tageszeit — haben. Derjenige Meridian, unter welchem die Sternwarte von Greenwich liegt, heißt der Nullmeridian, und von ihm aus zählt man die Meridiane nach Osten und nach Westen (je 180°); so erhält man die geographische Länge (von Greenwich östlich und westlich).

Jeder Punkt der Erdoberfläche beschreibt bei der Drehung der Erde einen Kreis, und alle diese Kreise nennt man Parallelkreise; sie schneiden alle Meridiane und sind um so kleiner, je näher sie den Polen liegen. Der größte Parallelkreis wird Aequator genannt, er teilt die Erdkugel in zwei gleiche Hälften, die südliche und nördliche. Die Parallelkreise zählt man vom Aequator nach Norden und Süden, und nennt dies die geographische Breite (nördlich und südlich). Der Aequator hat also die Breite 0, jeder Pol die Breite 90°.

Bei der Umdrehung der Erde um ihre Axe wird stets nur die eine Hälfte derselben von der Sonne beschienen, die andere liegt im Schatten, da das Licht von jener herrührt. Die erstere hat Tag, die letztere Nacht. Ist in Berlin Mittag 12 Uhr, so ist auf der Ostspitze von Asien grade Mitternacht, weil letztere 180° von Berlin entfernt liegt.

---

Beobachtet man den Lauf der Gestirne genauer, so sieht man, daß jedes am Himmel einen Kreisbogen beschreibt, die aber verschieden groß sind. Während der Polarstern für unser Auge seine Stellung (nahezu) nicht verändert, also stille zu stehen scheint, beschreiben die Sterne in seiner Nähe (die Cirkumpolarsterne) binnen einem Tage vollständige Kreise, welche um so größer sind, je größer der Abstand des Sterns vom Pol ist. Von den Bahnen der übrigen Sterne sehen wir nur einen Teil, den sog. Tagebogen, während ihr Nachtbogen unter dem Horizonte liegt. Für den Aequator ist der Tagebogen genau gleich dem Nachtbogen, für alle Gestirne nördlich desselben ist der Tagebogen größer, für die südlich des Himmels-Aequators befindlichen kleiner als der Nachtbogen. Auf der südlichen Erdhälfte sind natürlich die eben angegebenen Verhältnisse grade umgekehrt.

Da die Sonne am 21. März und am 23. September im Aequator steht, so müssen also an diesen Tagen für alle Punkte der Erde Tag und Nacht gleich lang sein. Während des Sommers steht die Sonne nördlich des Aequators, daher ist alsdann der Tag länger, die Nacht kürzer, und zwar ist der Unterschied um so größer, je weiter nördlich der Ort gelegen ist. Auf der südlichen Erdhälfte ist alsdann der Tag kürzer als die Nacht, während am Aequator stets 12 Stunden lang Tag und ebenso lange Nacht ist.

Am Nordpol geht die Sonne am 21. März auf, um während des ganzen Sommers nicht unterzugehen; in Hammerfest bleibt sie vom Ende April ab ebenfalls über dem Horizonte (im Winter geht sie vom Oktober ab nicht auf) bis Anfang August, am 21. Juli geht sie an den Orten des Polarkreises nicht unter (Mitternachtssonne), alsdann ist der Tag in St. Petersburg nahezu 18½ St., in Berlin 16 St. 34 Min., in Basel 15 St. 45 Min. und in Rom 15 St. 3 Min. lang.

Tritt ein Stern in seiner Bahn in den höchsten Punkt, d. h. steht er im Meridian, so nennt man dies seine (obere) Kulmination.

Daß es nicht die Gestirne sind, welche täglich eine Umdrehung um die Erde machen, wie es scheint, sondern daß die letztere sich um ihre Axe dreht, ersehen wir schon daraus, daß die erstern bei ihrer unendlich großen Entfernung mit einer undenkbaren Geschwindigkeit sich um die Erde bewegen müßten. Es giebt aber auch absolute mathematische Beweise dafür, daß es unser Planet ist, der sich um seine Axe dreht und zwar von Westen nach Osten.

Bei dieser Drehung beschreibt jeder Punkt in 24 Stunden einen vollen Kreis, der in 360° geteilt wird. Wenn daher ein Punkt einen Bogen von 15° zurücklegt, so ist eine Stunde verflossen; wenn somit ein Ort 15° weiter östlich liegt, als ein andrer, so geht seine Uhr eine Stunde vor derjenigen des letztern. Da die Westgrenze Deutschlands etwa 17° weiter westlich als die äußerste Ostgrenze liegt, so muß der Zeitunterschied zwischen den beiden Grenzen 1 Stunde 8 Minuten betragen.

In demselben Augenblicke zeigen die Uhren auf der Erde jede einzelne Zeit des Tages, je nach der geographischen Länge des Ortes, von 12 Uhr Mitternacht bis wiederum 12 Uhr Mitternacht. Wir beginnen nun den Tag mit Mitternacht und bezeichnen ihn durch das Datum. Da nun die Zeit von Osten nach Westen fortschreitet und zwar um je 1 Stunde für 15° Länge, so muß nach 24 Stunden an jedem Orte wieder genau derselbe Stand der Uhren sein, aber es ist nicht mehr derselbe Tag bezw. dasselbe Datum, mit andern Worten an irgend einer Stelle muß das Datum geändert worden sein. Diese Datumgrenze fällt mit dem Meridian 180° zusammen. Wenn also Mitternacht auf diesem Meridiane ist, so beginnt das neue Datum, das sich nun von dort nach Westen fortpflanzt. Ist also 165° östl. L. 12 Uhr Mitternacht und beginnt dort der 1. Januar (Neujahr), so ist 165° westl. L. 2 Uhr Nacht des 31. Dezember.

Die Folge dieser Datumänderung ist, daß die Schiffe, welche von China nach St. Franzisko fahren, wobei sie den 180. Längengrad durchschneiden, bei der Führung des Tagebuches an zwei aufeinander folgenden Tagen dasselbe Datum schreiben müssen, während bei der Fahrt in der umgekehrten Richtung ein Tagesdatum übersprungen wird.

Es wird nicht überall den Bestimmungen der geographischen Länge als Nullmeridian derjenige von Greenwich zugrunde gelegt; die Franzosen rechnen nach dem Meridiane, der durch die Sternwarte von Paris geht, 2° 20′ 23″ östl. von Greenwich, und in Deutschland begann man früher die Zählung mit dem Meridiane von Ferro, welcher 20° westl. Paris, also 17° 39′ 37″ westl. Greenwich liegt.

§ 3.

## Bewegung der Erde um die Sonne. Jahr.

Beobachtet man eine längere Reihe von Abenden hintereinander zu derselben Stunde den Himmel, so findet man bald, daß die Sterne der größeren Zahl nach ihre Stellung zu einander nicht ändern, sie werden Fixsterne genannt; sie werden in einzelne Gruppen, die sog. Sternbilder, eingeteilt. Zwischen ihnen ändern aber andere ihre Stellung stetig, es sind die Planeten; vor allem aber scheinen Sonne und Mond gegen die Fixsterne zurückzubleiben, erstere täglich nur um eine kleinere, letzterer um eine größere Strecke. Beobachtet man genauer, so findet man leicht; daß die Zeit zwischen einem Durchgange eines Sternes durch den Meridian (Kulmination) und dem darauf folgenden Durchgange um fast genau 4 Minuten kürzer ist, als die Zeit, welche zwischen zwei aufeinander folgenden Kulminationen der Sonne verfließt. Es beschreibt also die letztere eine Kreisbahn am Himmel, welche jedoch gegen den Aequator geneigt, nicht mit ihm parallel ist. Infolgedessen steht die Sonne während eines halben Jahres nördlich, und während des zweiten halben Jahres südlich des Himmelsäquators.

Diese Bahn wird Ekliptik genannt, und die Zeit, in welcher die Sonne dieselbe zurücklegt, heißt ein Jahr. Wenn die Sonne nördlich des Aequators steht, so steigt sie für die nördliche Erdhälfte höher am Himmel empor als zu der Zeit, wo sie südlich des Himmelsgleichers sich befindet; im ersteren Falle ist die Wirkung der heißen Sonnenstrahlen größer, und wir sagen, es sei Sommer; im letztern Falle, wo die Sonne weniger hoch steigt und die Erde auf der Nordseite weniger Wärme empfängt, ist hier Winter, während die Länder südlich des Aequators zu dieser Zeit Sommer haben.

Ebenso wie die tägliche Bewegung der Gestirne um die Erde nur eine scheinbare ist, und in Wirklichkeit die Erde sich um ihre Axe von Westen nach Osten dreht, so ist auch die jetzt beschriebene Bewegung der Sonne am Himmel nur eine scheinbare; in Wirklichkeit bewegt sich die Erde um die Sonne und legt die ganze Bahn innerhalb eines Jahres zurück. Dieses hat 365 Tage und nahezu 6 Stunden, daher wird jedes vierte Jahr (Schaltjahr) zu 366 Tagen gerechnet.

Die Entfernung der Erde von der Sonne beträgt etwas mehr als 148 Mill. km, ist also 3700 mal so groß als der Umfang der Erde; die ganze Bahn, welche innerhalb eines Jahres zurückgelegt wird, hat daher die ungeheure Länge von 930 Mill. km.

Die Ekliptik geht durch die Sternbilder: Widder, Stier, Zwillinge, Krebs, Löwe, Jungfrau, Wage, Skorpion, Schütze, Steinbock, Wassermann und Fische. (Die bekanntesten für uns sichtbaren Sternbilder sind: der große und der kleine Bär, letzterer mit dem Polarstern, Kassiopeja, Schwan, Adler, Leyer, Antinous, Orion). Die Sonne geht am 21. März, wie bereits bemerkt, durch den Aequator, den Punkt, in welchem die Ekliptik den Aequator schneidet, nennt man Widderpunkt. Von dem gen. Tage an entfernt sie sich täglich mehr und mehr von dem Aequator und steigt immer höher am Himmel empor. Am 21. Juni befindet sie sich $23^1/_2{}^0$ nördlich vom Gleicher und wendet sich nunmehr wiederum dem letztern zu. Daher nennt man auch, da die Sonne um diese Zeit im Sternbilde des Krebses steht, den Parallelkreis $23^1/_2{}^0$ nördl. Br. den Wendekreis des Krebses. Am 21. Dezember hat die Sonne im Sternbilde des Steinbockes ihren südlichsten Stand erreicht und man nennt den Parallelkreis von $23^1/_2{}^0$ südl. Br. Wendekreis des Steinbockes.

Ueber jedem Punkt der Erde zwischen den beiden Wendekreisen steht die Sonne zweimal im Jahre zur Mittagszeit senkrecht, sie tritt in das Zenith, während sie in den Wendekreisen selbst nur einmal das Zenith erreicht an den obengenannten Tagen. Diesen Teil der Erdoberfläche zwischen $23^1/_2{}^0$ nördl. und $23^1/_2{}^0$ südl. Breite nennt man die heiße Zone oder die Tropen. Da in diesen Ländern die Sonne nie kürzer als mindestens $10^1/_2$ St. am Himmel steht, während im mittleren Deutschland der kürzeste Tag noch nicht 8 Stunden beträgt, da die Sonne selbst bei ihrem niedrigsten Stande in den Gebieten unter den Wendekreisen am Mittage noch $43^0$ hoch steht und während des ganzen Jahres hindurch täglich in jenen um $27^0$ höher steigt, als im mittleren Deutschland, so ist die Erwärmung der Erde in den Tropen sehr viel größer als in nördlich und südlich derselben gelegenen Zonen. Es giebt hier nicht vier Jahreszeiten, sondern nur eine trockene und eine Regenperiode.

Nach den früheren Ausführungen geht die Sonne zur Sommerwendezeit, am 21. Juni, unter dem Parallelkreis $67^1/_2{}^0$ n. B. nicht unter, unter dem gleichen Parallelkreis s. B. nicht auf, und an allen innerhalb dieser (Polarkreise genannten) Breitekreise gelegenen Orten geht die Sonne im Sommer mehrere Tage nicht unter („Mitternachtssonne"), im Winter nicht auf. Daher ist in diesen Gegenden die Erwärmung der Erde am geringsten, auf große weite Gebiete schmilzt das Eis selbst im Sommer nicht, das Meer und das Land sind vielfach von ewigem Schnee und Eis bedeckt. Man nennt diese beiden von den Polarkreisen umschlossenen Gebiete die „kalten Zonen".

Die Gebiete zwischen den Wende- und den Polarkreisen sind die gemäßigten Zonen. In ihnen zeigen sich jährlich die vier Jahreszeiten. In denjenigen Ländern, welche den Tropen zunächst liegen, ist natürlich die durchschnittliche Wärme größer als in den weiter nördlich bezw. südlich gelegenen; in ihnen fällt außerhalb der höheren Gebirge nie Schnee, sie werden die subtropischen Gebiete genannt.

Die Bahn, in welcher sich die Erde um die Sonne bewegt, ist eine Ellipse, d. h. eine krumme Linie, in welcher die Summe der Abstände jedes Punktes von zwei festen Punkten (den Brennpunkten) konstant ist; in einem der Brennpunkte steht die Sonne. Es befindet sich die Erde am 1. Januar der Sonne am nächsten, im Perihelium, ist dagegen am 2. Juli am weitesten entfernt, sie steht im Aphelium. Da nun die Geschwindigkeit der Erde um so größer ist, je näher sie der Sonne steht, und umgekehrt kleiner wird, wenn sie sich, im Sommer, von letzterer entfernt, und da ferner die Ekliptik gegen den Aequator geneigt ist, so ist die Zeit eines Sonnentages nicht stets gleich.

Rechnet man nun die Zeit nach dem Stande der Sonne, so nennt man dies die Sonnen- (oder wahre) Zeit; denkt man sich aber die Zeit eines Jahres in 365 völlig gleiche Teile (Tage) geteilt, welche man nun in je 24 Stunden zu 60 Minuten, jede zu 60 Sekunden, teilt, so erhält man die mittlere Zeit, nach welcher stets gerechnet wird. Diese stimmt also meist nicht mit der Sonnenzeit überein, nur am 15. April, 15. Juni, 31. August und 24. Dezember fallen Sonnen- und mittlere Zeit zusammen.

Rechnet man nun an jedem Orte so, daß an den genannten 4 Tagen genau um 12 Uhr die Sonne kulminiert, so hat man die mittlere Ortszeit. Alsdann geht die Sonne am 11. Februar 14 Min. 25 Sek. nach 12 Uhr durch den Meridian, mit andern Worten der Nachmittag — die Zeit von 12 Uhr bis Sonnenuntergang — ist 28 Min 50 Sek., d. h. fast ½ Stunde länger als der Vormittag von Sonnenaufgang bis 12 Uhr. Im Mai ist umgekehrt der Vormittag fast 7 Min. länger als der Nachmittag, am 26. Juli ist wieder letzterer 12½ Min. länger als ersterer und am 3. November endlich kulminiert die Sonne 16 Min. 23 Sek. vor 12 Uhr.

Da nach dem Früheren die mittlere Zeit eines Ortes von der geographischen Länge desselben abhängt, der Art, daß die Ortszeit um je eine Stunde Unterschied zeigt, wenn die beiden Städte um 15° Länge entfernt liegen, so stimmen die Uhren, welche nach der Ortszeit gestellt sind, in einem Lande nicht überein. Um die hieraus sich ergebenden Unannehmlichkeiten zu vermeiden, ist in Deutschland, Oestreich und Italien die sog. mittlere europäische Zeit eingeführt. Es wird überall in diesen Ländern nach der Zeit gerechnet, welche durch den Meridian 15° östl. von Greenwich bestimmt wird; es ist also im selben Momente an der Westgrenze (in Metz) und der Ostgrenze (Gumbinnen) des deutschen Reiches, in Berlin, Pesth, Wien und Rom 12 Uhr Mittag. Da nun Metz annähernd 6°, Gumbinnen nahe 22° östl. Gr. liegen, so ist stets in ersterer Stadt der Vormittag 1 St. 4 Min. kürzer als in letzterer, und der Nachmittag um dieselbe Zeit länger; in Metz kulminiert die

Sonne am 24. Dezember um 12 Uhr 36 Min., am 11. März um 12 Uhr 51 Min.; in Gumbinnen dagegen steht die Sonne am 24. Dezember um 11 Uhr 32 Min., am 3. November um 11 Uhr 15 Min. genau im Süden.

Die Zeit eines Jahres, innerhalb deren die Erde den Weg von einem Frühlingsanfangspunkte bis wieder zu demselben zurücklegt, beträgt 365 Tage 5 Stunden 48 Minuten 47 Sekunden. Indem man also nach der von C. Julius Cäsar getroffenen Anordnung (Julianischer Kalender) alle 4 Jahre einen Tag einschaltet, nimmt man das Jahr (um 11 Min. 13 Sek.) zu lang an. Daher fiel allmählich der Frühlingsanfang nicht auf den 21. März, sondern auf spätere Tage. Da ordnete Papst Gregor XIII. an, daß im Jahre 1582 sofort auf den 4. Oktober der 15. Oktober folgen solle, und daß künftighin alle Jahre, deren Zahlen durch 4 teilbar sind, Schaltjahre sein sollten, ausgenommen die vollen Jahrhunderte selbst; von letztern sollten nur diejenigen Schaltjahre sein, deren Jahrhundertzahl (wie bei 1600, 2000, 2400) durch 4 teilbar ist; also 1700, 1800 waren hiernach keine Schaltjahre, und 1900 wird keines sein. Diese Rechnungsmethode nennt man den Gregorianischen Kalender, der nunmehr bei allen abendländischen Kulturvölkern eingeführt ist; die Völker, welche der morgenländischen Kirche angehören (Russen, Griechen u. s. f.) zählen auch noch heute nach dem Julianischen Kalender. Israeliten, Muhamedaner, Chinesen haben andere Zählmethoden.

## § 4.

## Sonne. Mond.

Die Sonne spendet der Erde Licht und Wärme, ihrem Einflusse verdanken wir den Wechsel der Jahreszeiten, die jährliche Wiederkehr des Frühlings, das Grünen und Blühen der Bäume, Sträucher und Blumen, das Reifen der Früchte. Nach dem früher Gesagten ist sie von der Erde über 148 Mill. km entfernt, daher muß sie sehr groß sein und einen ungemein großen Hitzegrad besitzen. Sie ist ebenfalls kugelförmig, ihr Halbmesser ist 691000 km oder 108 mal größer als derjenige der Erde. Wie man aus Beobachtungen festgestellt hat, dreht sie sich ebenfalls um ihre Axe und zwar einmal in etwa 25 unserer Tage. Die auf ihr herrschende Hitze läßt sich überhaupt nicht mit den auf der Erde beobachteten Wärmegraden vergleichen.

Der Mond ist ein Begleiter (Satellit) der Erde, die er stetig in einer Bahn umkreist; diese Bewegung vollendet er in etwa 29 Tagen, welche Zeit man auch mit dem Namen Monat bezeichnet. Da man anfänglich die Zeit nach dem Laufe des Mondes bestimmte, so rechnete man das Jahr zu 12 Monaten, wodurch denn das Sonnenjahr zu klein wurde.

Der Mond ist ebenfalls annähernd eine Kugel und dreht sich auch um seine Axe, aber so langsam, daß er erst innerhalb eines Monates die Umdrehung vollendet; infolgedessen zeigt er der Erde stets dieselbe Seite.

Der Mond hat kein eignes Licht, sondern erglänzt nur in dem Lichte der Sonne. Wenn er mit letzterer in demselben Meridiane (in Konjunktion) steht, so liegt seine uns zugewendete Hälfte im Schatten, sie ist also lichtlos, und wir sagen: es ist **Neumond**. Da er am Himmel in 29 Tagen einen ganzen Kreis beschreibt, während die Sonne diesen erst in 365 Tagen vollendet, so muß er sehr viel rascher durch die einzelnen Sternbilder der Ekliptik nach Osten fortschreiten; nach $7^1/_4$ Tagen sieht man die Hälfte der Mondscheibe erleuchtet und zwar die der Sonne zugewendete westliche; die andere Hälfte liegt noch im Schatten, es ist **erstes Viertel**. Nach weiteren $7^1/_4$ Tagen steht der Mond grade während der Nacht am Himmel, er steht der Sonne gegenüber (in Opposition), und wir sehen die ganze Mondscheibe im Lichte erstrahlen, es ist **Vollmond**. Endlich nach wieder einem gleichen Zeitraume tritt der Trabant der Erde in das letzte Viertel, nur seine östliche Hälfte ist erleuchtet und er scheint in der zweiten Hälfte der Nacht.

Die mittlere Entfernung des Mondes von der Erde ist 58 mal so groß als der Erdhalbmesser, also halb so groß als der Halbmesser der Sonne. Sein Durchmesser beträgt 3474 km.

---

Die **Mondbahn** ist nur wenig gegen die Ebene der Ekliptik (um etwas über 5°) geneigt, ihre Schnittpunkte mit der letztern werden Knoten genannt. Diese letzteren liegen nicht fest, sondern ändern ihre Lage stetig. Wenn nun der Mond durch einen Knoten seiner Bahn zur Zeit des Neumondes hindurchgeht, so liegen die 3 Körper Erde, Mond und Sonne in einer Graden; daher fällt der Schatten des Mondes auf die Erde, es ist **Sonnenfinsternis**. Wird hierbei die ganze Sonnenscheibe verfinstert, so sprechen wir von totaler, sonst von partieller Sonnenfinsternis; da die Mondbahn sich stark von einer Kreislinie entfernt, so ist der Abstand des Mondes von der Erde sehr verschieden; tritt nun die Sonnenfinsternis zu der Zeit ein, wo der Mond am weitesten von der Erde entfernt ist, also am kleinsten erscheint, so tritt die sehr seltene Erscheinung der ringförmigen Sonnenfinsternis ein, wobei um die dunkle Mondscheibe rings noch ein schmales Band der Sonne sichtbar ist.

Schreitet der Mond durch einen Knoten zur Zeit der Opposition, so tritt er in den Schatten der Erde, und wir haben totale oder partielle Mondfinsternis.

## § 5.

## Planeten. Sonnensystem.

Ebenso wie die Erde umkreisen noch andere kugelförmige Weltkörper die Sonne nach genau denselben Gesetzen; es sind die Planeten (Wandelsterne). Sie müssen infolge ihrer eignen Bewegung und derjenigen der Erde scheinbar sehr zusammengesetzte Bahnen am Himmel bilden, welche alle nahe der Ekliptik liegen.

Der Sonne am nächsten befindet sich der Merkur, den man nur selten in der Abend- oder Morgendämmerung sieht; seine Entfernung beträgt 83 Sonnenhalbmesser. Die Venus zeigt sich uns als Abend- und zu andern Zeiten als Morgenstern; sie hat, da sie zwischen Erde und Sonne sich bewegt und kein eignes Licht besitzt, sondern von der Sonne erleuchtet wird, dieselben Phasen, wie der Mond. Wenn sie uns am hellsten erscheint, sehen wir nur eine schmale erleuchtete Sichel. Von der Sonne ist sie im Mittel um 155 Sonnenhalbmesser, von der Erde zur Zeit ihrer Erdnähe um 59, zur Zeit der Erdferne aber um 370 Sonnenhalbmesser entfernt. Diese beiden Planeten werden auch innere genannt. Der Abstand der äußeren Planeten von der Sonne ist größer als derjenige der Erde. Es sind die Planeten Mars, die zahlreichen Planetoiden, Jupiter, der größte von allen, Saturn, Uranus und Neptun.

Außer diesen die Sonne regelmäßig umkreisenden Sternen sehen wir zeitweise Kometen oder Haarsterne am Himmel erscheinen, sich der Sonne nähern, um dann wieder zu verschwinden. Ebenso erblickt man in der Nacht bisweilen (namentlich zahlreich im August und November) am Himmel helle Punkte aufleuchten, die mit großer Geschwindigkeit sich fortbewegen, um ebenso rasch wieder zu verschwinden; es sind die Sternschnuppen. Sie scheinen ebenfalls in bestimmten Bahnen die Sonne zu umkreisen.

Die Sonne, von der wir Licht und Wärme empfangen, bildet mit allen Weltkörpern, welche sich um sie bewegen, das Sonnensystem. Die am klaren Himmel während der Nacht hellleuchtenden Sterne, welche scheinbar ihre Stellung nicht ändern und daher Fixsterne genannt werden, sind eben solche Sonnensysteme, die in unendlicher Entfernung von uns genau denselben von der göttlichen Vorsehung gegebenen Gesetzen folgen, wie unsere Welt.

# II. Physikalische Erdkunde von Mitteleuropa. Gliederung Mitteleuropas.

## § 6.

### Lage und horizontale Gliederung.

Europa liegt westlich von Asien, von welchem es durch das erzreiche Uralgebirge geschieden wird; es ist der zweitkleinste Erdteil, nur Australien ist noch etwas kleiner, während Asien die 4,6 fache, Amerika fast genau die 4 fache, Afrika nahezu die 3 fache Fläche von Europa umfaßt. Dagegen steht letzteres mit 360 Mill. Einwohnern inbezug auf die Zahl der Bewohner an zweiter Stelle, da Asien 860, Amerika 130, Afrika über 200, Australien noch nicht 6 Mill. Einwohner zählt.

Europa hat als Grundgestalt ein Dreieck, dessen größte Seite gegen NW. liegt; im N. wird es von dem nördlichen Eismeer, im W. von dem atlantischen Ocean und im S. vom Mittelmeere umspült; letzteres trennt es von Afrika.

In zahlreichen Buchten und Meeresarmen greifen die umgebenden Meere in das Festland ein und bilden dadurch viele Halbinseln.

Mitteleuropa umfaßt Deutschland und die anstoßenden kleineren Staaten: Luxemburg, Belgien, Holland, Dänemark, die Schweiz und einen Teil von Oestreich; es grenzt nur im Norden an das Meer und zwar an die Nord- und Ostsee, beides Teile des Atlantischen Oceans.

Die Nordsee wird umschlossen von der Insel Großbritannien, von den Küsten Belgiens, Hollands, Nordwestdeutschlands, von der kimbrischen (jütischen) Halbinsel und Skandinavien; gegen Norden steht sie mit dem Ocean in offener Verbindung, gegen Südwesten führt die Straße von Calais in den Kanal (Aermelmeer) und so in den Ocean. Gegen Osten zwischen der kimbrischen Halbinsel und Skandinavien liegt das Skager Rak; an der Nordspitze Jütlands (Skagenshorn) wendet sich der Meeresarm nach Süden und erhält den Namen Kattegat; aus diesem führen die 3 Straßen: Sund, Großer und Kleiner Belt zwischen Schweden, den Inseln Seeland und Fünen und der jütischen Halbinsel in die Ostsee. Die

Küste, welche an der Nordsee wesentlich zunächst nach NO., dann nach O. und endlich nach N. sich ausdehnt, erstreckt sich an der Ostsee nach S., dann nach O., um sich endlich nach N. zu wenden. Die Nordsee bildet außer den Mündungsarmen der Flüsse die Buchten: Zuidersee, Dollart, Jahdebusen, Helgoländer Bucht; der Liimfjord trennt den nördlichsten Teil Jütlands von der übrigen Halbinsel und verbindet so die Nordsee mit dem Kattegat. Die Ostsee bildet die Kieler Bucht (mit der Flensburger Bucht, Schlei, Eckernförder Bucht und Kieler Hafen), die Neustädter Bucht, (Saaler Bodden,) Greifswalder Bodden, Kleines und Großes Haff, (welche durch Peene, Swine und Diewenow sich ergießen in) die Pommersche Bucht, Putziger Wiek, Frisches Haff und Kurisches Haff. An Halbinseln sind zu erwähnen Nordholland, die Kimbrische Halbinsel, Zingst, Hela, Frische und Kurische Nehrung.

Die der Küste vorgelagerten Inseln sind zahlreich. Die Mündungsarme von Schelde, Maas und Rhein bilden große Inseln, von denen die wichtigsten Walcheren, Süd- und Nord-Beverland, Schouwen und Flakkee sind; von der Nordspitze von Nordholland erstrecken sich gegen O. die Westfriesischen Inseln (Texel, Vlieland, Ter Schelling, Ameland), die Ostfriesischen Inseln (darunter Borkum und Norderney), Neuwerk, Helgoland und die Nordfriesischen Inseln (darunter Föhr, Sylt und Romö). Im Gebiete der Ostsee liegen die dänischen Inseln: Seeland, Fünen, Langeland, Laaland, Falster, Möen; die deutschen Inseln: Alsen, Fehmarn, Rügen, Usedom und Wollin.

---

Der Quotient aus der Bevölkerungszahl eines Landes und der Größe desselben wird die Bevölkerungsdichte genannt; sie beträgt für Europa 37, Asien 19, Afrika 7, Amerika nahe an 4, Australien etwa 0,5.

Die drei Punkte, welche die Grundgestalt des Kartenbildes von Europa bestimmen, sind die Jugorsche Straße, die Mündung des Uralflusses in das Kaspische Meer und der innerste Punkt des Golfes von Biscaya. Das durch die Verbindung dieser Punkte gebildete Dreieck ist nahezu rechtwinklich, dessen beide Katheten im Verhältnisse von 3 : 5 stehen. Die Glieder — Halbinseln und Inseln — nehmen fast $^1/_3$ der Gesamtoberfläche des Erdteiles ein; bei Asien ist dies $^1/_4$, bei Australien $^1/_6$, bei Nordamerika $^2/_{13}$, bei Afrika $^2/_{61}$ und bei Südamerika $^2/_{71}$. Da die einzelnen Meeresteile (Weißes Meer, Ostsee mit Finnischem Busen, Adriatisches und Schwarzes Meer) tief in das Festland eindringen, so ist jeder Punkt Europas leichter erreichbar und dem Einflusse des vom Meere kommenden feuchten Windes stärker ausgesetzt, als die Binnenländer der übrigen Kontinente.

## § 7.

## Vertikale Gliederung. Die Alpen.

Mitteleuropa wird im S. durch das hohe Gebirge der Alpen von Südeuropa getrennt. Gegen N. nehmen die Gebirge immer mehr an Höhe ab, um allmählich in Tiefland überzugehen.

Die Alpen sind das mächtigste Gebirge Europas; sie steigen steil an den Küsten des Ligurischen Meeres empor, wenden sich zunächst nach N., dann nach O., um endlich in einer Reihe von Ketten bis an die Donau bei Wien, das Ungarische Tiefland und an die Nordküste des Adriatischen Meeres sich auszubreiten. Sie werden eingeteilt in die: Westalpen vom Ligurischen Meere bis zum Kleinen St. Bernhard, dessen Paß aus dem Thale der Isère in das der Dora Baltea führt; von letzterem bis zum Brenner-Passe erstrecken sich die Centralalpen, und östlich des Brennerpasses dehnen sich die Ostalpen aus.

Die Centralalpen werden durch den Splügenpaß, welcher aus dem Thale des Hinterrheins in das der Mera (Zufluß der Adda) und so nach Italien führt, in eine westliche und eine östliche Hälfte geteilt. Die erstern schneiden die Thäler der Rhone und des Vorderrheines wiederum in zwei Züge, die sich an den Quellen der beiden genannten Ströme in dem gewaltigen Stocke des St. Gotthardt vereinen. Südlich der Rhone liegen die Savoyer und die Walliser (Penninischen) Alpen, erstere mit dem Mont Blanc (4810 m), dem höchsten Berge Europas, letztere mit dem Monte Rosa. Südlich des Vorderrheines erhebt sich das Rheinwaldhorn, aus dessen Gletschern der Hinterrhein entquillt. Nördlich der Rhone und des Vorderrheines ziehen den Strömen entlang die Berner, Vierwaldstätter und Schwyzer Alpen; in ersteren erheben sich das Finsteraarhorn und die Jungfrau (4275 bezw. 4167 m).

Der östliche Teil der Centralalpen wird zunächst von den gewaltigen Graubündener Alpen gebildet, welche in dem Piz Bernina noch über 4000 m ansteigen. Nach O. werden sie durch die Thäler des Inn, der Adda und der Etsch in 3 Ketten gespalten; nördlich des Inn, parallel demselben, ziehen sich die Bayrischen Alpen, das höchste Gebirge Deutschlands; die bedeutendste Erhebung auf deutschem Boden ist die Zugspitze 2974 m. Die mittlere Kette bilden die Tiroler Alpen, zu der südlichen gehört die Ortler Gruppe.

Von den Ostalpen, die sich fächerförmig gegen O. ausbreiten, ragen nur die Salzburger Alpen (Watzmann 2658 m) in deutsches Gebiet; sie bilden mit dem Salzkammergut nnd den östreichischen Alpen den Nordflügel. In den mittleren Ketten zeichnet sich der Hohe Tauern durch seine gewaltigen Schneeberge, wie Groß-Glockner, Groß-Venediger, Dreiherrnspitze u. v. a., aus. Unter den südlichen Ketten sind die Dolomit (Trientiner) Alpen durch ihre schönen Formen bekannt. Die Julischen Alpen, das Krainer Kalkplateau und der Karst bilden den Zusammenhang mit den Gebirgen der Balkanhalbinsel.

---

Das Land ragt verschieden hoch über das Meer empor, und man unterscheidet daher Tiefland und Gebirgsland; ist ersteres dabei flach, so nennt man es auch Tiefebene oder Flachland. Erhebt sich eine Gegend über seine Umgebung und bildet selbst eine Fläche, die nur durch einzelne hervorragende Berge gekrönt, durch Thäler durchschnitten wird, so ist dies eine Hochfläche (Plateau). Bei einem Gebirge sind die Erhebungen unregelmäßig, es zeigt sich in keinem Teile eine ausgedehntere ebene Fläche; man unterscheidet Massen- und Kettengebirge, bei letzterem Kamm, Sattel, Pässe.

Je nach der Höhe der Erhebungen hat man Hügelland, Vorberge, Mittel-, Hochgebirge und Alpen. Unter letzteren versteht man ausgedehntere Hochgebirge mit ewigem Schnee, Gletschern und zahlreichen Seeen. Je höher man in der Atmosphäre emporsteigt, um so mehr sinkt die Temperatur; die aus der Luft ausscheidenden Niederschläge sind Schnee, sobald die Luftwärme unter 0° beträgt Daher fällt selbst in den heißesten Ländern auf den höchsten Teilen der Hochgebirge Schnee; reicht die Sommerwärme nicht hin, um denselben völlig zum Schmelzen zu bringen, so sind die Höhen während des ganzen Jahres mit Schnee bedeckt, sie bilden die Gebiete des ewigen Schnees. Infolge teilweisen Schmelzens oder zu starken Anwachsens der Schneemassen stürzen diese von den Wänden der Berge in die Thäler hinab, Steine, Bäume, ja ganze Wälder und Häuser mit sich reißend, oft ganze Dörfer verschüttend; es sind dies die gefährlichen Lawinen.

In den Hochthälern der Alpen sammeln sich so große Mengen von Schnee (häufig über 100 m tief), untermischt mit Geröll; unter dem Einflusse der Sonne schmelzen die oberen Schichten, das eindringende Wasser gefriert zumteil wieder mit dem Schnee im Innern, es bilden sich so Eiskörner, die durch ihre Schwere und den dadurch erzeugten gewaltigen Druck allmählich in eine klare Eismasse übergehen; es entsteht ein Gletscher. Durch sein eignes Gewicht wird er thalabwärts gedrängt, bewegt sich also langsam vorwärts, wobei sich infolge der ungleichen Breite und Senkung des Thales Spalten bilden müssen. Der vordere Teil der Gletscher ragt weit aus den Gebieten des ewigen Schnees bis tief in die Regionen der Wälder hinab; hier wirkt die Wärme der Luft stärker und an der Zunge schmilzt endlich jährlich ein ebenso großer Teil ab, als der Gletscher sich vorwärts geschoben hat; hier scheint er stille zu stehn. Die Geröllmassen bleiben an den Seiten oder an der Stirn liegen, sobald das sie umschließende Eis wegschmilzt, und es bilden sich so die sog. Moränen. Die Wasser des (durch die Reibung am Boden und durch die Wärme der Luft an der Oberfläche) schmelzenden Eises sammeln sich durch die Spalten und strömen als Gletscherbäche aus den Thoren am unteren Ende hervor.

Der Grundstock der Alpen scheint überall aus Granit zu bestehen, dessen gewaltige Härte der zerstörenden Kraft des Wassers einen dauernden Widerstand leistet. Wo dieses Gestein das Gebirge bildet, findet man die stärksten Gebirgsstöcke, wie die Gruppen des Monte Viso, Mt. Blanc, Mte. Rosa, St. Gotthardt, Bernina. Aehnlich durch ihre massiven Formen zeichnen sich die Schieferalpen aus; während die aus Kalk bestehenden Züge, welche namentlich die zur Rhone sich wendenden Ketten der Westalpen, sowie die nördlichen und südlichen Teile der Ostalpen bilden, zerrissene wilde, vielfach unzugängliche kleinere Gruppen mit steil abstürzenden Wänden zeigen. Den Hochalpen sind überall niedere Höhenzüge — die sog. Voralpen — vorgelagert, die vielfach aus Nagelflue — zusammengesinterten Trümmern anderer Gesteine — bestehen.

In dem Gewirre von Gebirgsketten finden sich überall Vertiefungen, welche durch höhere Umwallungen abgesperrt sind. In ihnen muß sich das von den Bergen überall herabströmende Wasser sammeln; es bilden sich dadurch die zahlreichen großen und kleinen Seeen (selbst auf dem Kamm des Gebirges an fast allen Pässen), welche ein besonderes Kennzeichen der Alpen geben. Diese Seeen steigen, bis das Wasser über die niederste Stelle der Umwallung abfließt, oder bis die jährliche Verdunstung des Wassers der zufließenden Menge gleich ist.

Die Einteilung der Alpen, welche fast in jedem Lehrbuche verschieden ist und viele in den betreffenden Gegenden unbekannte Namen enthält, erfolgt am besten nach den umschließenden Thälern.

I. Westalpen reichen von Savona am ligurischen Meere bis zum Thale der oberen Isère und Dora Baltea, zwischen der lombardischen Ebene und der Rhone. Ihre Teile sind die ligurischen (Paß des Col di Tenda), Meer= (Paß des Col della Maddalena aus dem Thal der Stura in das der Ubaye) cottische (Mte. Viso 3986 m, Paß des Mt. Genèvre und des Mt. Cenis; die Eisenbahn durchbricht den Mt. Fréjus), Dauphinéer (zwischen Rhone, Durance und Isère) und grajische Alpen (Paß des kleinen St. Bernhard, wahrscheinlich Uebergangspunkt Hannibals).

II. Centralalpen vom kleinen St. Bernhard bis zum Brennerpaß, vom Thale der Dora Baltea bis zu dem des mittleren Inn, der Eisack und der Etsch. Durch den Splügen werden sie in einen West= und einen Ostflügel geteilt.

A. Westflügel: Savoyer Alpen zwischen Isère, Genfer See und der vom großen St. Bernhard kommenden Dranse, die höchste Erhebung in den Alpen und damit in Europa; Mt. Blanc 4810 m; der Paß des großen St. Bernhard (mit berühmtem Hospiz) führt aus dem Thal der Rhone durch das der Dranse in jenes der

Dora Baltea; die Walliser (Penninischen) Alpen, zwischen Rhone, Dora Baltea und untere Tosa, reichen bis zum Simpelnpaß, mit dem Mte. Rosa, Matterhorn u. v. a. hohen Spitzen; außer der alten, jetzt verlassenen Straße über den Mte. Moro aus dem Saaser Thal (Rhone) in ein Nebenthal der Tosa führen nur beschwerliche Saumpfade über den Kamm. Lepontische Alpen vom Simpeln bis Luckmanier mit dem Knotenpunkt St. Gotthardt, von welchem der Vorderrhein, Tessin, die Rhone und Reuß nach den 4 Himmelsrichtungen abströmen und in welchem sich die südlichen Ketten mit den nördlichen vereinen.

Pässe führen aus dem Reußthale über die Furka in das Rhonethal, über den St. Gotthardt in das Thal des Tessin, über die Oberalp nach dem des Vorderrheins. Der Luckmanierpaß verbindet die Thäler des Medelser- (Mittel-) rheins und Tessin. Die Adulaalpen grenzen an den Hinterrhein, durch dessen großartiges Thal die Via mala zum Passe des Bernhardin (in das Misocco-Tessinthal) und Splügen (in das Giacomo-Addathal) führt. Dem Zapportgletscher des Hinterrheinwaldhornes entquillt der Hinterrhein.

Diesen vier südlichen Gruppen entsprechen nördlich von Rhone und Vorderrhein die Berner-, Vierwaldstätter-, Schwyzer- (oder Glarner-) und Appenzeller-Alpen. Die ersteren zwischen Rhone und Aar reichen bis zum Genfersee; neben den ihnen parallellaufenden Walliser Alpen haben sie die ausgedehntesten Gletschergebiete; hier liegen das Finsteraarhorn (4275 m), die Jungfrau (4167 m), das Aletschhorn (mit dem größten Gletscher der Alpen), die Viescherhörner, Wetterhorn, Eiger u. a. m. Die Vierwaldstätter Alpen hängen durch den Galenstock mit dem St. Gotthardt zusammen und füllen den Raum zwischen Aar und Reuß aus; Titlis (3239 m); der Brünigpaß führt vom Vierwaldstätter zum Brienzer See. Zwischen Reuß, Vorderrhein, Wallen- und Zürichersee dehnen sich die Schwyzer Alpen aus, welche im Tödi zu 3623 m ansteigen; der bekannteste Berg ist der vielbesuchte Rigi (1800 m). Nördlich der beiden genannten Seeen erstrecken sich bis zum Bodensee die Appenzeller oder Thuralpen; höchste Spitze der Säntis.

B. Ostflügel: Oestlich des Hinterrheins um den Oberlauf des Inn dehnen sich die Graubündner Alpen aus, in denen der Piz Bernina zu 4052 m ansteigt; aus dem Thale des Hinterhalbsteiner Rheines, bezw. seiner Zuflüsse, führen der Flüela-, Albula- und Julierpaß in das Engadin(Inn-)thal, der zur Römerzeit stark benutzte Septimer nach Chiavenna, die Maloja ebendahin aus dem Engadin, und der Berninapaß aus letzterem in das Addathal. An die Silvretta Gruppe der Graubündner Alpen schließen sich an: der Rhätikon nach NW. bis zum Rhein, die Vorarlberger Alpen mit dem Algäu nach N. bis zu dem Bodensee, östlich die Bayrischen Alpen; diese begleiten mit ihren Gruppen von steilen, vielfach sehr schwer zugänglichen, zerrissenen Kalkbergen den Inn bis zu seiner Wendung nach Norden bei Kufstein; nirgends finden sich hier ausgedehnte Gletschergebiete; die Zugspitze 2956 m ist der höchste Berg Deutschlands. Die drei Pässe: Achenpaß, Ehrenberger und Scharnitzer Klause führen aus Bayern in das Innthal.

Zwischen Adda und Etsch, durch den Piz Umbrail mit den Graubündner Alpen verbunden, wenden sich nach Süden die Ortler, Adamello und Bergamasker Alpen. In ersteren erhebt sich der Ortler zu 3906 m, dicht an ihm vorüber führt die Stelviostraße über das Stilfser Joch, die höchste Straße Europas, 2757 m.

Durch die Reschen Scheideck (Malser Heide), deren Paß aus dem Engadin in den Vintschgau (Etsch) führt, stehen die Graubündner nach Osten mit den Tiroler Alpen, zwischen Inn, Etsch und Eisack in Verbindung. Ausgedehnte Gletschergebiete zeichnen sie aus. Wildspitz 3776 m. Der Brennerpaß giebt einen tiefen Einschnitt und damit den natürlichen Abschluß der Centralalpen.

III. Die Ostalpen bestehen wesentlich aus 3 Zweigen; den nördlichen bilden die Salzburger Alpen zwischen Inn und Salzach mit außerordentlich schroffen, vielfach kahlen Bergen (Watzmann 2658 m), dem Salzkammergut, reich an herrlichen Seeen zwischen Salzach und Enns (Dachstein 3002 m) und den östreichischen Alpen, welche im Wiener Walde an der Donau enden. (Semmeringpaß). Diese Gruppen, vielfach reich an Salz und Erzen, weisen an verschiedenen Stellen starke Einschnitte auf, so daß sie von einem Netze von Eisenbahnen durchzogen werden konnten.

Der mittlere Flügel wendet sich zunächst nach O. in den Zillerthaler Alpen und dem Hohen Tauern zwischen dem Oberlauf der Salzach und Drau; beide zeichnen sich durch ausgedehnte Gletschergebiete, zahlreiche hohe Berge und ihre schwere Zugänglichkeit aus; nur Saumpfade führen über dieselben. Der Großglockner steigt zu 3796 m an; Dreiherrnspitze, Groß-Venediger, der goldführende Radhausberg. An den Quellen der Mur zweigt sich in ostnordöstlicher Richtung zwischen Mur und Enns die Kette der Radstädter und Rottenmanntauern ab, während die Steyerschen Alpen den Raum zwischen Mur und Drau ausfüllen.

Durch den flachen Toblacher Feldpaß an der Quelle der Drau von dem mittleren Flügel getrennt, ziehen sich nach S. die Etsch entlang die Trientiner Alpen, welche, aus dem leicht verwitternden Dolomit bestehend, die herrlichsten, wilden Formen zeigen; in der Marmolada erreichen sie noch 3506 m. Südlich der Drau ziehen dem Flusse parallel die Karnischen (Krainer) Alpen, die aus drei Ketten bestehen, deren südliche, in die Lombardische Ebene abfallende auch den Namen Venezianer Alpen führt; die mittlere teilt sich wieder in zwei Arme: die Karawanken, welche zwischen Drau und Sau bis zur ungarischen Ebene sich erstrecken, und südlich des letztgenannten Stromes die Julischen Alpen, die sich im Triglav (Terglou) noch in das Gebiet des ewigen Schnees erheben (2865 m); sie gehen nach SO. in das Krainer Kalkplateau und den Karst über und stehen dadurch mit den Gebirgen der Balkanhalbinsel in Verbindung; diese Kalkgebirge mit ihren kahlen Hochflächen sind berühmt durch die zahlreichen Höhlen, unterirdischen Flüsse und Seeen und durch manche sonst in Europa nicht bekannte Tiere.

Auf den eigentlichen Hochalpen wachsen keine Bäume mehr, nur niederes Krüppelholz (Fam. der Coniferen) bedeckt teilweise den Boden; im kurzen Sommer, wenn die Sonne die Schneedecke weggeleckt, schmücken sich die Hänge und Thäler mit den herrlichsten Blumen und duftigen Kräutern (Alchemillen, Gentianeen, Primeln, Euphrasien, die vielbegehrten Edelweiß und Edelraute u. s. f.), ganze Berghalden sind überzogen von den Alpenrosen; es ist die Heimat der Schneehühner, Murmeltiere, Gemsen, des sehr seltenen Steinbocks und des Lämmergeiers, des Königs der europäischen Vögel. Hierhin zieht der Aelpler im Hochsommer, um die würzigen Pflanzen für seine Herde zu gewinnen.

Das Reich der Senner bilden aber vorzüglich die Mittelalpen, deren steile Hänge meist für den Ackerbau gänzlich verloren sind; dagegen bieten die Almen die beste Weide für Rinder, Ziegen und Schafe. Der Schnee des Winters wird im Frühjahre durch den warmen wegen seiner Heftigkeit gefürchteten Föhnwind rasch geschmolzen, allerwärts stürzen alsdann (und auch bei Hochgewittern) Wildbäche über die Felshänge in Kaskaden herab und graben sich tiefe Rinnsale. Die Wälder sind leider vielfach verwüstet; charakteristisch ist in ihnen vor allem die Arve (Pinus Cembra), die nur auf den Höhen vorkommt; die Nadelhölzer (sehr schöne Lärchen im Rhonethale) überwiegen die Laubholzbäume. Unter den Tieren ist der Bär zu erwähnen, der noch in den wilden Schluchten fast im ganzen Alpengebiete vorkommt.

Die Thäler der Voralpen, auf der Südseite auch höher in die Mittelalpen hinauf, ist das Gebiet des Ackerbaues, der Obst- und Weinkultur; Kastanien, Nüsse, Mandeln, Feigen, Pfirsiche gedeihen in Menge, auf der Südseite auch Südfrüchte und stellenweise die Myrte.

Merkwürdig ist die Ausbildung der Längenthäler, namentlich in den Central- und Ostalpen; die Thäler der Rhone von Martigny aufwärts, des Vorderrheins bis Chur, des Inn von Landeck bis Kufstein, der oberen Salzach und der Enns bilden fast eine Grade; die Hochalpen zeigen meist nur Querthäler.

## § 8.

## Die Rheinischen Gebirge.

Vor den Central- und Ostalpen lagert sich eine Hochfläche von 3 bis 500 m Seehöhe aus, welche durch den Bodensee und den Rhein in seinem westlichen Laufe in zwei ungleiche Glieder: die Schwäbisch-Bayrische und die Schweizer Hochebene geschieden wird. Die letztere, kleinere ist vielfach ein fruchtbares Hügelland mit zahlreichen großen Seeen, durchströmt von den l. Neben- und Zuflüssen des Rheins. Gegen Nordwesten bildet der Schweizer Jura den Abschluß, der von der mittleren Rhone gegen N. bis zum Rheine sich hinzieht. (Höchster Punkt Crèt de la neige 1723 m). Bekannt der Hauenstein, den eine Bahn in 2,5 km langem Tunnel durchbricht.

Den Rhein begleiten in seinem mittleren Laufe auf beiden Ufern Gebirge, deren Höhen aber nach N. immer mehr abnehmen. Die einzelnen Glieder sind:

A. Linksrheinische: Die Vogesen (Wasgau, Wasichenstein), durch eine tiefe Einsattlung vom Schweizer Jura getrennt, erheben sich steil aus der oberrhein. Ebene; der Sulzer Belchen steigt zu 1432 m empor; auf der französ. Grenze liegt der Elsässer (Welsche) Belchen zu 1244 m. Das Gebirge ist von dichten Wäldern bedeckt und nimmt gegen N. an Höhe stark ab. Nördlich der Lauter, eines Nebenflüßchens des Rheines, nimmt das Gebirge mehr den Charakter einer Hochfläche an; es ist das Pfälzer Bergland, dessen weinbedeckte Abhänge zu der Rheinebene den Namen Haardt führen; den Abschluß gegen N. bildet der prächtige Donnersberg (689 m). Von Mosel und Saar umschlossen liegt das Lothringische Hügelland, zwischen Saar, Nahe, Rhein und Mosel das Plateau des Hunsrücks, das von den Ketten des Hoch-, Idar- und Soonwaldes gekrönt wird. Ersterer erreicht im Erbeskopf, der höchsten Höhe der Rheinprovinz, 814 m. Nördlich des vielgekrümmten Moselthales erhebt sich das Hochland der Eifel (2—500 m), das gegen Mosel und Rhein steil abfällt, nach N. zur Ebene sich sanft abdacht und gegen Westen mit den Ardennen — zwischen Mosel und Maas — in Verbindung steht. Ein Teil ist vulkanischer Natur; der höchste Berg ist die Hohe Acht (760 m).

B. Rechtsrheinische: Nördlich des Rheines, dort, wo von Süden her der Jura dicht an den Strom herantritt, erhebt sich auf dem Nordufer steil der Schwarzwald und steigt im Feldberg auf 1494 m an. Die Kette, welche parallel dem Rheine zieht, nimmt gegen N. an Höhe ab, um aber am Neckar wieder im Neckarbergland etwas anzusteigen (Königstuhl 579 m). Zwischen Neckar und Main erstreckt sich der Odenwald mit seinen prächtig geformten Bergen. (Katzenbuckel 628 m).

Nördlich des Mains erhebt sich aus der Ebene der Taunus, dessen Kette nach NO. sich wendet und die Fortsetzung des Soonwaldes bildet. Die Abfälle gegen den hier nach W. strömenden Rhein bilden den weinreichen Rheingau; nach N. dehnt er sich als Hochfläche bis zur Lahn aus. Der höchste Punkt ist der Feldberg (881 m). — Zwischen Rhein, Lahn und Sieg dehnt sich das Plateau des Westerwaldes aus (Salzburger Kopf 655 m); sein nordwestlichster Ausläufer ist das durch seine herrlichen Formen berühmte Siebengebirge (Oelberg 464 m).

Zwischen den Quellen der Lahn und Sieg steht der Westerwald mit der fast halbkreisförmigen Kette des Rothaargebirges in Zusammenhang; über seinen ziemlich hohen Kamm ragen zahlreiche einzelne Höhen empor, unter denen der Emmelkopf (778 m) der höchste, der Ederkopf der bekannteste ist.

Von diesem Kettengebirge dehnt sich nach NW. zwischen Sieg und Ruhr das Sauerland aus; sein Plateau senkt sich gegen W. dem Rheine zu und erhält hier den Namen Bergische Höhen; ein Zug am rechten Ufer der oberen Wupper wird das Ebbegebirge genannt. Gegen Nordosten steigt die Hochfläche im Plateau von Winterberg zu 670 m an und wird noch überragt vom Kahlen Astenberg (849 m), dem höchsten Punkte Westfalens und ganz Nordwestdeutschlands. Nördlich der Ruhr, diesem Flusse entlang, ziehen die niederen Höhen des Haarstrang und Hellweg.

---

Während der Grundstock der südlichen Vogesen, eines großen Teiles des Schwarzwaldes und auch des Odenwaldes aus Granit und Gneis besteht, auf welchem Sand- und Kalksteine (Trias) auflagern, besteht die nördliche Hälfte des Pfälzer Berglandes aus Karbonformationen mit reichen Kohlenflötzen an Glan, Blies und Saar. Durchbrochen sind diese Schichten vielfach von Melaphyr, namentlich an der Nahe (z. B. Rheingrafenstein). Taunus, Westerwald, Sauerland, Hunsrück und Eifel bestehen wesentlich aus Devonschiefer und Grauwacke, denen vielfach Sandsteine und Kalk — z. B. auch Dolomit in der Eifel — aufgelagert sind. Am Nordwestrande der Eifel zu beiden Seiten der Maas treten wieder Kohlengebirge auf.

Ueber die Entstehung dieser Gebirge gehen die Meinungen noch auseinander. Die Hochflächen sind offenbar ausgedehnte Erhebungen, in denen das abfließende Wasser durch Auswaschung (Erosion) die Thäler eingegraben hat und diese beständig noch durch langsame aber unablässige Arbeit vertieft und erweitert. Neben den Urgesteinen — Granit, Gneis — und den geschichteten, offenbar durch Absetzung unter Wasser entstandenen Gesteinen, treten vulkanische auf, welche als feurigflüssige Masse aus dem Erdinnern unter Durchbrechung der oberen Schichten emporgehoben worden sind, in den Vulkanen noch emporgehoben werden, um aus den Kratern wie Feuerströme abzufließen. Außer der eigentlichen Lava bestehen diese Eruptivgesteine aus Basalt, Trachyt, Phonolith, Porphyr u. a. m. Berge aus diesen Gesteinen zeichnen sich durch ihre kuppelartige Gestalt aus. Solche Gesteine finden sich namentlich in einem großen Teile der Eifel, im westlichen und östlichen Westerwalde. In ersterem Gebirge sind die alten Eruptiv- und Einsturzkrater vielfach durch Seeen ausgefüllt, die sog. Maare, unter denen der Laachersee der bekannteste ist.

Auf diese vulkanischen Steine hat sich eine bedeutende Industrie (Hausteine, Mühlsteine, Traß u. s. w.) gegründet.

Für den Verkehr bilden die Rheinischen Gebirge außer dem südlichen Schwarzwalde und den südlichen Vogesen keine erheblichen Schwierigkeiten, Eisenbahnen und große Straßen führen durch die Gebiete; im Schwarzwalde sind von hoher Bedeutung der Kniebispaß, die Bahnen durch das Kinzigthal über St. Georgen zur Donau und durch das Dreisamthal von Freiburg nach Schaffhausen (Höllenthal).

## § 9.

## Die mitteldeutschen Gebirge.

Südlich des Mains: Zwischen den Bayrischen und Salzburger Alpen, der Donau, dem Bodensee und dem unteren Inn dehnt sich die Schwäbisch-Bayrische Hochebene aus; im südl. Teile liegen zahlreiche große Seeen, große Strecken sind unfruchtbares Sumpfland (Erdinger, Dachauer Moos, Donau Ried, Donaumoos u. a.); der südwestlichste Teil, nahe dem Bodensee, führt den Namen Hegau, in ihm liegt der Hohentwiel. Nördlich der Donau, an deren Quelle mit dem Schwarzwald in Verbindung stehend, zieht sich gegen NO. der Schwäbische Jura; zum Thale des Neckar fällt er steil, zu dem der Donau nur flach ab. Der höchste Punkt des breiten, flachen Rückens ist der Kornbühl (905 m); die Zahl der Berge, auf denen einst berühmte Schlösser, die Heimat hoher Fürstenhäuser, standen, ist bedeutend; die bekanntesten sind: der Hohenzollern, Hohenstaufen, Hohenrechberg u. a. m. Jenseits der Wörnitz teilt sich die Hochfläche, der östliche Flügel, der Fränkische Jura, wendet sich nach dem tiefeinschneidenden Thale der Altmühl nach N. und reicht bis zum oberen Main; gegen die Regnitz fällt er ziemlich steil ab, nimmt aber an Höhe stark ab. Sein nördlichster Teil führt wegen seiner schönen Höhen den Namen Fränkische Schweiz (Staffelberg 541 m). Zwischen den Quellen des Main und der Naab hängt er mit dem Fichtelgebirge und so mit dem Böhmischen Kessel zusammen. Von der Wörnitz nach N. der Jagst entlang zieht sich die Frankenhöhe, deren Fortsetzung an dem Main (wo er nach S. fließt) der Steigerwald bildet. (Zabelstein 476 m).

Das zwischen den einzelnen Gliedern der oberrheinischen und den genannten Gebirgen gelegene Hügelland wird gewöhnlich die würtembergisch-fränkische Terrasse genannt und erstreckt sich auch nördlich des Mains bis zu dem sogleich zu erwähnenden Gebirge Rhön und Thüringerwald.

Von dem Fichtelgebirge, einem Knotenpunkt, in welchem die Ost- und Mitteldeutschen Gebirge sich treffen, wendet sich nach NW. der flache Rücken des Frankenwaldes, dem l. Ufer der Saale entlang; an den Quellen der Rodach (Zufluß des Mains) geht er in die Kette des herrlichen Thüringerwaldes über, der dem Laufe der Werra folgt und mit der Wartburg bei Eisenach endet. Der höchste Punkt ist der Beerberg (984 m). Nach N. ist dem Gebirge die Thüringer Hochebene (berühmt durch ihre Schönheit und durch den Fleiß ihrer Bewohner) vorgelagert; darin der sagenreiche Kyffhäuser.

Die Werra scheidet den Thüringer Wald von der Rhön, die sich nach S. wendet; in dem flachen Rücken der Hohen Wasserkuppe erreicht sie die Höhe von 950 m. An sie schließt sich nach S. der waldreiche Spessart, der den letzten großen Bogen des Maines ausfüllt (Geiersberg 615 m). Durch einen niederen flachen Rücken steht die Rhön mit dem Massengebirge des Vogelsbergs (Taufstein 772 m) in Verbindung. Nördlich der beiden letztgenannten Gebirge breitet sich auf beiden Seiten der Fulda bis zur Weser das Hessische Bergland aus, ein Hügelland, in welchem sich einzelne Massive, wie der Meissner (751 m), Knüll, Habichtswald (Wilhelmshöhe), Kaufunger Wald, erheben; im W. reicht er mit den Ederbergen bis zum Rothaar-Gebirge und dem Plateau von Winterberg.

---

Die schwäbisch-bayrische Hochebene besteht wesentlich aus durch die Flüsse angeschwemmten Schichten, die im Hegau durch Basalt durchbrochen sind. Der Jura, besteht zum größten Teile aus Kalk — Jura- und Triasformation — und war durch die Unfruchtbarkeit und Oede seines flachen Rückens bekannt; seitdem jedoch durch die würtemb. Regierung Wasserleitungen auf den Höhen angelegt wurden, zeigt sich das Land fruchtbar. Die Abfälle gegen NW. zeigen steile, vielfach unzugängliche Felsen mit Höhlen, die zahlreichen tief eingeschnittenen Thäler werden an ihren Wänden von prächtigen Buchenwaldungen geschmückt und zeigen große Fruchtbarkeit. Die Würtembergisch-Fränkische Terrasse, die Thäler des Neckar und Mains und ihrer Zuflüsse sind berühmt durch ihre Fruchtbarkeit, ihren Obst- und Weinbau. — Der Franken- und Thüringerwald bestehen aus krystallinischem Schiefer, durchbrochen von Basalten, den Südwestabhang bildet bunter Sandstein (Trias), der auch den Grundstock des östlichen Odenwaldes, des Spessartes, der Rhön und des Hessischen Berglandes bildet; die hervorstehenden Berge des letztern, die hohe Rhön, das ganze Massiv des Vogelsbergs bestehen aus Basalt. Ueber den langen Kamm des Thüringer Waldes, der von ausgedehnten Waldungen bedeckt ist, führt ein alter Weg, der sog. Rennstieg. Die zahlreichen Thäler sichern fast überall leichten Uebergang über das Gebirge, namentlich aber über den flachen Frankenwald. Die Rhön zeigt langgestreckte, schöne Berge, ist auf den Höhen kahl, vielfach sumpfig (Hochmoore), von magerer Weide bedeckt; die Abhänge und Vorberge tragen aber prächtige Laubholzwälder (Buchen, Ahorn). Der Spessart besitzt wenig hervorragende Berge, dagegen die herrlichsten Wälder (namentlich Eichen), deren Holz für den Schiffsbau besonders geschätzt wird. Wegen des Wildreichtums war einst der Spessart das Lieblingsjagdgebiet von Kaiser Friedrich Barbarossa (Jagdschloß in Gelnhausen). Der Vogelsberg ist rauh, unfruchtbar, von nur wenigen Thälern durchschnitten.

## § 10.

## Die norddeutschen Gebirge.

Zwischen den Quellen der Diemel (Weser) und Ruhr setzt sich nach N. das Plateau von Winterberg in immer flacher werdendem Rücken bis zu der oberen Lippe, unter dem Namen Plateau von Paderborn, fort; den Ostrand bildet die Kette der Egge (Velmerstod 468 m). An der Quelle der Lippe wendet sich das Gebirge nach Nordwesten und erhält den Namen Teutoburger Wald (Osning); in der Grotenburg steigt er noch zu 388 m, die Höhe der zahlreichen Berge nimmt aber rasch ab, um nahe der Ems mit kaum über 100 m zu enden. — Die Weser von Münden an begleiten auf beiden Ufern meist niedere Hügelzüge, die man auch unter dem Namen Wesergebirge zusammenfaßt; es sind namentlich links der Reinhardwald (Staufenberg 469 m), rechts Bramwald (Hoher Hagen 506 m), der nach O. mit dem Eichsfeld in Verbindung steht, der Sölling (Moosberg 515 m), Süntel; kurz oberhalb Minden durchbricht die Weser in der Porta Westfalika das letzte Glied, die Weserkette.

Ganz getrennt von den übrigen Gebirgen erhebt sich nördlich des Eichsfeldes unmittelbar aus der Tiefebene das gewaltige Massengebirge Harz, dessen höchster Berg, der Brocken, (1141 m) die höchste Erhebung ganz Norddeutschlands ist.

---

Die Wesergebirge und der Teutoburger Wald sind geologisch wesentlich nur die Fortsetzung des hessischen Berglandes, der Sandstein mit den wunderbarsten Formen (wie Externsteine) wiegt vor. Das zweitgenannte Gebirge ist mit herrlichen Buchenwäldern geschmückt, zahlreiche Thäler durchqueren die Ketten von schöngeformten Bergen. Der Ort, wo Varus von Arminius, dem Cheruskerfürsten, geschlagen wurde, ist nicht genau festgestellt; auf der Grotenburg ist dem Befreier Deutschlands von dem römischen Joche ein weithin sichtbares Denkmal errichtet.

Das Massiv des Harzes besteht aus Granit; die südöstlichen Vorberge bilden das Mansfelder Bergland (reich an Kupfererzen), aus dem sich der an Laub- und Nadelwäldern, lachenden Fluren und schönen Felspartieen reiche Brocken erhebt. Nordwestlich reiht sich dann der Oberharz an, ein durch seinen ergiebigen Bergbau seit den ältesten Zeiten berühmtes Gebirge. Der Brocken oder Blocksberg ist der Mittelpunkt eines großen deutschen Sagenkreises, sein Gipfel ist flach, öde, von Granittrümmern bedeckt; zahlreiche Punkte der Umgebung —

Hexentanzplatz, Hexenaltar, Teufelskanzel u. a. m. — erinnern an die Sagen. Bekannt durch die ganze Welt ist die Vogelzucht der fleißigen Bewohner (vielfach fränkische Ansiedler).

## § 11.

## Die ostdeutschen Gebirge.

Die ostdeutschen Gebirge bilden einen Teil der Randgebirge des Böhmischen Kessels. Das Fichtelgebirge bildet einen wichtigen Knotenpunkt, im Schneeberge steigt es zu 1063 m an, nach den 4 Himmelsgegenden gehen von ihm 4 Flußthäler (Main, Saale, Eger und Naab) aus, und zwischen diesen zweigen sich ebensoviele Gebirge von der vorgelagerten Hochfläche ab. Nach SO. bis zur Donau wendet sich der Böhmerwald, von dem sich zwischen Regen und Donau der Bayrische Wald abzweigt. In jenem liegt der große Arber (1458 m), von welchem man die schönste Aussicht nördlich der Donau genießen soll. Nach ONO. wendet sich das sächsische Erzgebirge, das gegen S. zum Thale der Eger steil abfällt, gegen N. aber nur ganz allmählich sich abdacht und in die Ebene übergeht; der Keilberg ist seine höchste Spitze (1275 m); es reicht bis zur Elbe und hier liegt nördlich zu beiden Seiten des Stromes die Hochfläche des Elbsandsteingebirges, dessen vielfach zerrissene Bergbildungen den Namen die sächsische Schweiz erhalten haben. In niederen Hügeln begleiten einzelne Höhenzüge die Elbe bis unterhalb Dresden. Oestlich lehnt sich das flache breite Lausitzer Gebirge (Lausche 803 m) an, das bis zur Görlitzer Neisse reicht. Hier wenden sich die Höhen nach OSO. und bilden Ketten, die fast alle in gleicher Richtung streichen und durch scharf ausgebildete Thäler getrennt werden; es sind das Iser-, das Riesen-Gebirge, die Gruppe der Heuscheuer, das Eulen-, Adler-, Glatzer-Gebirge und die Sudeten, deren Namen man früher für diese ganze Gruppe von einzelnen Ketten anwendete; letztere enden an den Quellen der Oppa und Möhra (Oder). Die bedeutendste Erhebung im Isergebirge ist die Tafelfichte (1155 m), im Riesengebirge erreicht die Kammhöhe 1200 m und zahlreiche Berge steigen über 1400 m an; die Riesen- (Schnee-) koppe ist mit 1601 m der höchste Berg Ostdeutschlands. Der Schneeberg im Glatzer Gebirge erreicht noch 1412 m; die Sudeten liegen fast ganz auf östreichischem Gebiete. — Ganz abgetrennt liegt in der Ebene vor dem Eulengebirge der Zobtenberg (728 m).

---

Der Grundstock aller dieser Gebirge, mit Ausnahme der Sudeten, besteht aus Granit, auf dem ausgedehnte Schichten von Gneis, Glimmerschiefer, krystallinischem Schiefer, sowie Sand- und Kalksteine aus der Bildungen der Kreide und Kohlengesteine auflagern.

Der Böhmerwald ist von dichten, urwaldähnlichen Waldungen bedeckt, (Laubholz an den Hängen, Nadelholz auf den Höhen bis zu den Spitzen), die Thäler sind von versumpften Wiesen bedeckt. Das Ganze ist ein wunderliches, zum Teil noch wenig erforschtes Gebilde von kleinen Hochflächen, langgestreckten Kämmen und einzelnen Bergen. Als natürliche Grenze war das schwer zugängliche Gebirge häufig der Tummelplatz von Räuberbanden. Die Sudeten sind bekannt durch ihre zahlreichen trefflichen Mineralquellen. Der Kamm des Riesengebirges ragt über die Grenze des Baumwuchses hinaus und ist nur von mageren Triften bedeckt; an den obersten Hängen findet sich niederes Zwergholz, während tiefer die herrlichsten Fichtenwälder die Berge bedecken und die Thäler mit prächtigem Grün bekleidet sind. Die Bewohner sind meist arme, fleißige Weber; das Land ist die Heimat des Sagenkreises vom Rübezahl, dem gütigen aber neckischen Berggeiste. Die herrlichen Formen der sächsischen Schweiz sind das Ziel zahlreicher Wanderer; bekannt sind namentlich die steilen Felsen des Liliensteins und der Festung Königstein. Das sächsische Erzgebirge verdankt seinen Namen dem großen Reichtume an Erzen, wodurch eine großartige Industrie sich entwickelt hat. Die niederen Höhenzüge an der Elster führen den Namen Voigtland.

## § 12.

## Die deutschen Tiefländer.

Zu beiden Seiten des Rheines von Basel bis Mainz dehnt sich, umschlossen von den nach N. sich wendenden Gebirgen, die oberrheinische Tiefebene (etwa 30 km breit) aus, ein fruchtbares, dichtbevölkertes Flachland. Nordwestlich von Freiburg erhebt sich mitten aus der Ebene das kleine Massiv des Kaiserstuhles (560 m). Die Abhänge des Odenwaldes zum Flachlande sind bekannt durch ihre Schönheit und Fruchtbarkeit, sie führen den Namen Bergstraße. Gegen die Mündung des Mains erbreitert sich die Ebene nach O. und W., bildet auf dem rechten Ufer des Mains zwischen Taunus und Vogelsberg die reiche Wetterau, rheinabwärts zu beiden Seiten des Stromes bis Bingen den Rheingau, einen der schönsten und reichsten Bezirke des ganzen deutschen Vaterlandes. — An mehreren Stellen der Ströme breiten sich auf kleinern Strecken zwischen den Gebirgen flache Thäler aus — so bei Koblenz am Rhein bis Andernach das Neuwieder Becken, bei Bamberg an Pegnitz und Main, bei Trier an der Mosel, — doch haben diese für die allgemeine Gestaltung des Reiches keine Bedeutung.

Nördlich der Gebirge Mitteleuropas dehnt sich bis zur Nord- und Ostsee ein nach Osten an Breite zunehmendes Flachland, die norddeutsche Ebene, aus. Ihr westlichster Teil, an Schelde, Maas und auf beiden Seiten des Rheines bis zur Ems, wird die niederrheinische Ebene genannt; sie greift in weiter Bucht zwischen dem Haarstrang und dem Teutoburger Wald, und in kleinerem Maße am Rheinstrome bis zum Siebengebirge in das Bergland ein. An Weser und Elbe breitet sich die niedersächsische Ebene aus, welche sich durch die kimbrische Halbinsel bis zu deren Nordspitze fortsetzt. Auf dem linken Ufer der unteren Elbe zieht sich ein flacher, wellenförmiger Landrücken gegen NW., die Lüneburger Heide; nur an wenigen Stellen steigt sie über 100 m an. Die kimbrische Halbinsel durchzieht auch ein flacher Hügelzug in nördlicher Richtung, der im Himmelberg (westlich Aarhus) zu 171 m ansteigt. An der Oder reicht die ostdeutsche Ebene bis nahe zur östreichischen Grenze; ihr gehören auch die Gebiete der Weichsel und der Memel an. Parallel mit den Küsten zieht ein breiter, etwas erhöhter Landrücken, dessen zahlreiche Spalten durch Seeen ausgefüllt werden; es sind die mecklenburger, pommersche und ostpreußische Seeenplatte; es sind Teile des Baltischen Höhenzuges; der Turmberg westlich von Danzig (pommersche Schweiz) erreicht die Höhe von 332 m.

---

Das ganze Gebiet der norddeutschen Tiefebene besteht fast ausschließlich aus Diluvium oder Alluvium; zerstreut findet man in diesen Schichten eingebettet größere oder kleinere Felsblöcke aus skandinavischem Granit, die sog. erratischen Blöcke. Sie zeigen, daß einst die Gletscher der skandinavischen Gebirge — wie noch jetzt diejenigen Grönlands — bis in das Meer hineinragten; bei dem Vorschieben der Eismassen wurden, da Eis leichter ist wie Wasser, die Zungen der Gletscher gehoben und abgebrochen; sie schwammen als Eisberge — wie dies auch jetzt in den nordischen Meeren, namentlich bei Neufundland stattfindet — auf dem Meere, strandeten auf der flachen Küste Norddeutschlands — das Meer bedeckte noch den größten Teil desselben — und beim Schmelzen des Eises blieben die von letzterem eingeschlossenen Felsblöcke nun in fremder Erde liegen.

Die Niederung ist überall an den Gebirgen entlang, wo das abströmende Wasser den Detritus von den Höhen gebracht hat, von tiefer, fruchtbarer Ackerkrumme bedeckt, die Heimat des ertragreichsten Ackerbaues. Weiter gegen das Meer hin dehnt sich vielfach Sandland, von Heide oder dürftigen Kiefern bedeckt, aus, das nur durch rastlose und mühevolle Arbeit und Kunst in ertragreiches Land umgewandelt wird. Große Striche sind von Sumpf bedeckt, den sog. Mooren, die durch Entwässerung nutzbar gemacht werden. Auch die Lüneburger Heide ist vielfach bereits durch angestrengte Arbeiten urbar gemacht und ergiebt neben dem auch in den Mooren angebauten Heidekorn viel Honig; bemerkenswert ist die Zucht der geschätzten Heidschnucken. — An Bodenschätzen ist das norddeutsche Tiefland reich an Stein-, Kalisalzen und Braunkohlen (daher reiche Salinen), auf denen sich eine bedeutende Industrie ausgebildet hat.

Die Meeresküste ist nicht immer dieselbe; zweimal während des Tages steigt das Wasser und überdeckt weite Striche, um ebenso regelmäßig wieder zweimal zu sinken und große Teile des Landes trocken zu legen; es sind dies die Watten (Wadden). Die regelmäßige Erscheinung des Steigens und Sinkens des Meeres wird Flut und Ebbe genannt, sie wird durch die Anziehung des Mondes auf die Erde veranlaßt; ihre Erscheinung wird in der Ostsee wie in den übrigen abgeschlossenen Binnenmeeren nicht beobachtet.

Die Oberfläche des Wassers ist, wenn keine Kraft störend wirkt, flach; peitscht dagegen der Sturm dasselbe, so bilden sich Wellen, die im offenen Ocean oft eine bedeutende Höhe annehmen und die sich in der Richtung des Windes fortpflanzen. Kommen sie an das flache Ufer, so überschlagen sie sich und ihre Kämme stürzen mit Gewalt gegen das Land, dieses zerstörend und die Trümmer in die Tiefe des Meeres ziehend. Daher sind die Küsten immerwährend der nagenden, zerstörenden Kraft des Meeres ausgesetzt und früher fruchtbare Länder an der Nordseeküste sind nunmehr vom Meere ganz bedeckt. So ist der Dollart im 13.—15. Jahrhundert entstanden, die Zuidersee im 4. Jahrh. und 1287 bezw. 1421 durch gewaltige Sturmfluten erweitert worden. Borkum hat in den letzten 100 Jahren die Hälfte seiner Oberfläche verloren. Um nun das flache Küstenland gegen diese Zerstörung zu schützen, führt man große Dämme — Deiche — auf, namentlich in Holland, wo recht erhebliche Teile des Gebietes so tief liegen, daß sie beim mittleren Stande des Meeres ohne den Schutz der Deiche überflutet wären. Hinter den Deichen liegt das durch den fetten Schlick fruchtbare Land der Polders, die Marschen, während die vom dürren, losen Sand bedeckten Teile die arme Geest bilden. Erstere sind die Heimat der ergiebigsten Viehzucht.

Der niedere Höhenzug auf der kimbrischen Halbinsel teilt diese in zwei wesentlich verschiedene Hälften; die westliche ist den häufigen, heftigen Weststürmen ausgesetzt, sodaß fast keine Bäume hier gedeihen, auf ihr überwiegt Geest und Moorboden; auf der Osthälfte wird die Gewalt der Stürme durch den niederen Höhenzug gebrochen, und prächtige Buchenwälder schmücken das fruchtbare, dichtbevölkerte Marschland.

# III. Lehre von den Gewässern. (Hydrographie).

§ 13.

## Schelde und Maas.

Alle in Mitteleuropa entspringenden Gewässer wenden sich mit Ausnahme der Donau und ihrer Nebenflüsse der Nord- oder Ostsee zu. Wir betrachten die Ströme in westöstlicher Richtung.

Die Schelde entspringt in Frankreich in den Hügeln von Artois (westlich der Ardennen), fließt zunächst nördlich durch Belgien bis Gent, wo sie links die aus SW. von demselben Hügellande kommende Lys aufnimmt; hier wendet sie sich auf kurze Strecke nach O., dann wieder nach N., nimmt rechts die Rupel auf, erweitert und vertieft sich bei Antwerpen so, daß Seeschiffe bis hierhin fahren können; sie teilt sich (in Holland) in die seebuchtenartig erweiterten Wester- und Ooster-Schelde, welche durch natürliche Kanäle unter sich und mit der Maas in Verbindung stehen.

Die Maas entquillt dem Hochland von Langres — in Frankreich, westlich der Vogesen — durchbricht in nördl., dann nordnordwestl. Richtung in Frankreich die Argonnen, fließt an Verdun und Sedan vorüber, tritt bei Givet in belgisches Gebiet, wendet sich bei Namür nach NO., von Lüttich an wieder nach N. an Maastricht vorüber, wendet in Holland sich nach W. und vereinigt sich mit dem Waal, der jedoch hierbei seinen Namen verliert. Er bildet den Biesbosch, eine seeartige Erweiterung mit zahlreichen Inseln und teilt sich mehrmals in verschiedene Arme mit den verschiedensten Namen; der nördliche Arm Merwede vereinigt sich mit dem Leck, dem zweiten Hauptzweig des Rheines, erhält hierauf wieder den Namen Maas und fließt an Rotterdam vorüber in die Nordsee. Die beiden südlichen Mündungsarme sind breiter, aber flach und stehen mit der Schelde in Verbindung. Nebenflüsse: links: die Sambre entquillt den Hügeln von Artois, fließt östlich und mündet bei Namür; rechts: die Ourthe kommt aus den Ardennen, fließt in nördl. Richtung und nimmt aus der Eifel die Amel (mit Warche) und Weser auf und mündet nahe bei Lüttich in die Maas.

---

Der aus der Atmosphäre zur Erde sinkende Regen, sowie das durch Schmelzen des Schnees, Hagels und Eises auf dem Festlande entstehende Wasser fließt teilweise ab, teilweise dringt es aber auch durch die feinsten Risse und Spalten in die Erde ein. Hier füllt es diese aus und folgt ihnen in das Innere; öffnet sich eine Spalte an einer tiefer gelegenen Stelle nach außen, so muß das Wasser an dieser Stelle wieder an die Oberfläche treten, es bildet sich eine Quelle. Bei längerer Trockenheit wird sie schwächer und versiegt endlich; geschieht letzteres regelmäßig in jedem Jahre, so nennt man dies eine Hungerquelle. Das aus der Erde kommende Wasser zeigt natürlich die Temperatur des Bodens an, aus dem es hervorkommt; und da letzterer meist die mittlere Jahreswärme der Gegend besitzt, so zeigt das Wasser einer Quelle dieselbe. Ist jedoch die Temperatur höher, so ist dies eine Thermalquelle; ist sie geringer, so ist dies eine kalte Quelle (namentlich in Basaltboden). Das Wasser enthält größere oder geringere Mengen der Stoffe, aus denen der Boden besteht, aufgelöst; ist das Wasser einer warmen Quelle rein, bezw. frei von fremden Bestandteilen, so nennt man dies eine Wildquelle (Wildbad, wie Gastein, Pfäffers, Wildbad in Würtemberg). Enthält eine Quelle Kochsalz aufgelöst, so ist diese eine Saline.

Das aus Quellen kommende und das oberirdisch abfließende Wasser sammelt sich und fließt nach den Gesetzen der Schwere nach den tiefer gelegenen Punkten thalabwärts; es bildet sich ein Bach, durch Vereinigung von mehreren solchen ein Fluß, endlich ein Strom. Das Wasser reißt die losen Steine, Erde u. s. f. mit sich fort und setzt sie wieder an andern Stellen, wo es ruhiger fließt oder stille steht, ab (Anschwemmung). Die Rinne, die sich so das Wasser selbst gräbt, ist das Bett (mit rechtem und linkem Ufer), und die Thätigkeit des Ausgrabens und Vertiefens desselben wird Erosion genannt. (Thäler, welche so durch das Wasser in das Gebirge eingesägt sind, heißen daher Erosionsthäler).

Bei der Vereinigung zweier Bäche oder Flüsse muß natürlich der eine seinen Namen verlieren; in den meisten Fällen ist dies derjenige, welcher die geringere Wassermenge bringt, bisweilen aber bestimmt der kleinere Fluß den Namen (Donau-Inn, Mississippi-Missouri), wenn er die Richtung des vereinten Stromes bestimmt; in seltenen Fällen gehen die Namen beider Quellflüsse verloren, und der Strom führt nach der Vereinigung einen völlig neuen Namen (Pregel-Angerapp und Pissa). Alle in einem Strome sich vereinenden Gewässer bilden das Stromsystem, die in den Hauptfluß einmündenden Flüsse werden Neben-, die in diese sich ergießenden Zuflüsse genannt. Bei allen größeren Strömen unterscheidet man den Ober-, Mittel- und Unterlauf. Die Wassermenge, welche sie mit sich führen, hängt weniger von der Länge ihres Laufes als von dem Klima des Landes (ob trocken oder feucht) ab; so ist die Wassermenge des Nil, dessen Lauf auf eine große Strecke durch ein regenloses Gebiet geht, viel unbedeutender, als die der Donau und selbst des Rheines. Die Steppenflüsse Irans erreichen überhaupt nicht die See, sondern verschwinden im Sande.

An der Mündung eines Stromes in den Ocean wirken eine Reihe von Kräften: die Meeresströmungen, Ebbe und Flut, die Stärke der Strömung des einmündenden Gewässers und endlich die Menge des von letzterem mitgebrachten Gerölles; je nach dem Vorwiegen der einen oder anderen Kraft nimmt die Mündung die Form einer Barren-, Trichter- oder Deltamündung an. Bei der ersteren verhindert eine Strömung das Ablagern des Geschiebes im Meere, sodaß letzteres die Flußmündung durch eine Barre verstopft; das durch die Flut in einen Fluß eindringende und bei der Ebbe wieder mit Gewalt zum Meere zurückkehrende Wasser verhindert die Ablagerung des Gerölles, das in das Meer hinausgeführt wird; so bildet sich ein Trichter. Im Delta sucht das Wasser in zahlreichen Armen seinen Weg zum Meere durch das von ihm selbst angeschwemmte Land, das in stetem Wachstum begriffen und alljährlich bei Hochwasser Ueberschwemmungen ausgesetzt ist, wenn nicht gewaltige Deiche den Strom eindämmen.

§ 14.

## Der Rhein.

Oberlauf. Zahlreiche Bäche im mittleren Gebiete der mittleren Centralalpen führen in der Sprache der Bewohner — der Rhätier — den Namen Rhein; der wichtigste ist der Vorder-Rhein, der Abfluß des kleinen Tomasees am Six Madun (Badus), dem nordöstlichen Eckpfeiler der St. Gotthardtgruppe. Er wendet sich nach ONO., und sein tief eingeschnittenes Thal trennt die Schwyzer Alpen von der Adulagruppe; von beiden Seiten strömen ihm aus jeder Gebirgsspalte Nebenbäche (vielfach die Abflüsse der Gletscher) zu, darunter bei Dissentis der Medelser-, bei Reichenau der Hinter-Rhein; ersterer wird auch fälschlich Mittelrhein genannt und kommt vom Luckmanier. Der Hinterrhein ist der Abfluß des mächtigen Zapportgletschers am Rheinwaldhorn. Bei Chur wendet sich der Strom nach N. und trennt in breitem, fruchtbaren Thale die Glarner- und Appenzeller-Alpen von den Graubündner-, Rhätischen- und Vorarlberger-Alpen. In sumpfigem Delta ergießt er sich in den Bodensee (Schwäbisches Meer). Dieser dehnt sich nach WNW. aus, seine schmalere, vorgestreckte Zunge heißt Ueberlinger See. Bei Konstanz tritt der Strom aus dem Bodensee und bildet nach ganz kurzem Laufe den Untern- oder Zellersee (mit der Insel Reichenau). Bei Stein geht der sich immer mehr verengernde See wieder in den Fluß über, der sich gegen W. wendet; bei Schaffhausen nimmt sein Lauf eine südliche Richtung an, bildet beim Schlosse Lauffen einen mächtigen Wasserfall (19 m hoch und 115 m breit); bald aber wendet er sich wieder gegen W. und bricht nun zwischen Jura und Schwarzwald hindurch. Bei der Stadt Basel bildet er einen Bogen nach N., tritt aus dem Gebirgslande in die Oberrheinische Ebene und damit in seinen Mittellauf.

Nebenflüsse: 1. links: die Thur entspringt in den Appenzeller Alpen, fließt zuerst nördlich, dann westlich und mündet südlich von Schaffhausen; die Aar kommt aus dem Oberaargletscher am Finsteraarhorn, trennt in ihrem nordwestl. Laufe die Berner- und Vierwaldstätter-Alpen, durchströmt den Brienzer- und Thuner-See, welch letztern sie bei Thun in nordwestlicher Richtung verläßt; dann wendet sie sich nach NO. dem Ostabhange des Jura entlang und ergießt sich beim Dorfe Coblenz, gegenüber von Waldshut in den Rhein. Sie nimmt links die Saane aus den Berner Alpen und die Ziehl auf, welche ihr die aus dem Jura in dem Neuerburger-, Murtener- und Bieler-See sich sammelnden Gewässer zuführt; rechts nimmt sie Reuß und Limmat auf; erstere entspringt auf dem St. Gotthardt, fließt wesentlich nach N., durch den Vierwaldstätter-See; letztere ist der Abfluß des Züricher Sees, der durch den Linth-Canal die Gewässer des wilden Wallensees aufnimmt; 2. rechts: Ill, welche der Silvretta-Gruppe entspringt und in nordwestl. Laufe an Feldkirch vorüber dem Rheine zufließt.

Mittellauf von Basel bis Bonn. Der Rhein wendet sich in starker Strömung in inselreichem Laufe nach N., dann etwas nach O. und endlich wieder nach N. durch die reiche Ebene; bei Mainz wendet er sich bis Bingen dem Taunus parallel nach W. und bricht nun (mit einzelnen Stromschnellen) zwischen den einzelnen Gliedern des niederrheinischen Schiefergebirges in nordnordwestlicher Richtung hindurch; bei Koblenz liegt eine kleine Ebene am Strome und kurz oberhalb Bonn tritt er nun in die niederrheinische Ebene. Von Mainz bis Bonn ist das Thal berühmt durch seine wunderbare Schönheit und seinen Reichtum.

Nebenflüsse: A. Links: 1. Die Ill entquillt den nordwestl. Vorbergen des Schweizer Jura, fließt entlang den Vogesen nach N. und mündet unterhalb Straßburg in den Rhein; 2. die Nahe kommt aus dem Hochwald, fließt nordöstl., nimmt die Glan auf und mündet bei Bingen; 3. die Mosel entspringt in den südl. Vogesen in Frankreich, wendet sich gegen NNW., dann nach kurzem nordöstl. Laufe nördl., tritt vor Metz auf deutsches Gebiet, trennt die Ardennen vom Lothringischen Hügelland, wendet sich dann nach NO., drängt sich in stark gewundenem Laufe zwischen Hunsrück und Eifel hindurch und mündet bei Koblenz; ihr fließen zu (nahe Trier) von links die Sauer aus den Ardennen, Kyll aus der Eifel; von rechts die Saar aus den nördl. Vogesen (mit Blies und Nied); 4. die Ahr kommt aus der hohen Eifel und fließt östlich durch dies Gebirge. B. Rechts: 1. Aus dem Schwarzwalde kommen zahlreiche kleinere Nebenflüsse, von denen die Dreisam, Kinzig und Murg die wichtigsten sind; 2. der Neckar entspringt auf dem Ostabhange des Schwarzwaldes, fließt nach NO. dem Schwäbischen Jura entlang, biegt dann nach N. ab durch die schwäb. Terrasse, um endlich in westl. Laufe das Neckarbergland vom Odenwalde zu trennen und sich bei Mannheim in den Rhein zu ergießen; er nimmt auf von links die Enz aus dem Schwarzwalde, von rechts Kocher und Jagst aus dem Jura; 3. der Main bildet sich durch die Vereinigung des Weißen und Roten Maines; ersterer kommt vom Fichtelgebirge, letzterer vom Nordende des Fränkischen Jura; der Lauf des Maines ist wesentlich gegen W. gerichtet, aber der Strom macht drei große Bogen nach S., bricht zwischen dem Odenwald und Spessart hindurch, tritt unterhalb Aschaffenburg in die Ebene, fließt an Frankfurt vorüber und mündet gegenüber von Mainz in den Rhein. Ihm wenden sich zu: von links die Regnitz, welche durch die Vereinigung der Rezat (aus der Frankenhöhe über Ansbach) und der Pegnitz (aus der fränk. Schweiz über Nürnberg) entsteht und in dem fruchtbaren Thale von Bamberg mündet, und die Tauber von der Frankenhöhe; von rechts die fränkische Saale; 4. die Lahn entspringt auf dem Ederkopf, wendet sich zunächst nach O., dann nach S. (Marburg), bei Gießen nach WSW, und trennt den Taunus vom Westerwalde.

Unterlauf. Nach dem Durchbruche des Rheines durch das Gebirge tritt der Strom am Fuße des Siebengebirges in die weite, reiche niederrheinische Ebene; zunächst behält er seine bisherige Richtung nach NNW. bei, hier liegen an ihm Köln, Düsseldorf, Duisburg. Seine flachen Ufer sind namentlich bei Eisgang häufig zerstörenden Ueberschwemmungen ausgesetzt, und müssen auf weite Strecken durch Dämme geschützt werden. Unterhalb Emmerich wendet er sich in weitem Bogen nach Westen, tritt nach Holland über und ergießt sich in zahlreichen Armen in die Nordsee; die beiden Hauptarme Waal und Leck vereinigen sich mit der Maas und verlieren hierbei ihren Namen.

Nebenflüsse: Links: die Erft kommt aus der Eifel, fließt fast ganz nördlich und ergießt sich oberhalb Düsseldorf in den Rhein; rechts: die Sieg entspringt auf dem Ederkopf und trennt in ihrem westlichen Laufe den Westerwald vom Sauerlande und den Bergischen Höhen, welch letzteres Gebirge von der Wupper durchschnitten wird; an letzterer liegen Barmen und Elberfeld. Die Ruhr entspringt auf dem Plateau von Winterberg, durchströmt in westl. Richtung am Haarstrang entlang ein reiches Kohlengebiet und mündet in der Nähe von Duisburg in den Rhein; sie nimmt die Lenne von links auf. Die Lippe kommt aus dem Teutoburger Walde bei Lippspringe und wendet sich durch das westfäl. Flachland ebenfalls nach W. dem Rheine zu, den sie bei Wesel erreicht.

---

Die Thäler im Quellgebiete des Rheines zeigen mehr wie die eines andern deutschen Stromes eine Reihe von Erscheinungen, welche für die physikalischen Verhältnisse sowie für die Entwicklung des Verkehres von hoher Bedeutung sind. Während das Thal des Vorderrheines ein scharf ausgebildetes Längenthal darstellt, findet man alle die besonderen Eigenschaften der Querthäler bei der Reuß, dem Medelser-, Hinterrhein u. a. m. Bemerkenswert ist besonders das letztgenannte zwischen Splügen und Thusis. Das Gestein der durchsägten Bergkette ist hier hart, und der Strom hat daher nur eine enge Spalte (Schlucht, in Tirol Klamm, in der Westschweiz Gorge, in Amerika Cañon genannt) zu bilden vermocht, sodaß die vielbesuchte Straße Via mala (ein echter Engpaß) vielfach künstlich eingesprengt werden mußte und Brücken von kaum 6—10 m Länge 200 m über dem Rheine von einer Seite der Schlucht zu der andern führen. (Aehnlich ist die Schlucht der Tamina, welche bei Pfäffers in den Rhein, und die des Trientbaches, welcher unterhalb Martigny in die Rhone mündet.) Bei Thusis tritt der schäumende Fluß aus dem engen Felsspalte und nimmt links den kleinen Bach Nolla auf, der vom Piz Beverin in den Adula-Alpen kommt und das hellgrüne Wasser durch seinen Schlamm fast tintenartig färbt. Gewöhnlich unscheinbar, verursacht dieser Bach doch bisweilen die wildesten Verheerungen. Bei jedem Regen bilden sich an den steilen Thalwänden **Runsen**, welche an den Abhängen Furchen auswaschen und die Trümmer in den Bach des Thales hinabschleppen; der Piz Beverin besteht aus leicht zerstörbarem schwarzem Kalk, das Wasser des kleinen Lötschenseees sickert ständig in das Gestein und lockert dadurch dessen Gefüge. Am 27. und 28. September 1868 gingen im Hinterrheinthale gewaltige Regen nieder, und die Runsen schleppten am Piz Beverin solche Massen von Wasser, Schlamm und Gerölle der Nolla zu, daß dieser Bach sich in wenigen Minuten in einen reißenden Schlammstrom verwandelte, der sein Thal ausfüllte und alle Hindernisse wegriß. Das Gerölle sammelte sich im Thale des Hinterrheines und bildete bald einen starken hohen Damm, der das Wasser des Rheines und der Nolla staute, sodaß sich ein See bildete. Endlich gab der Damm dem Drucke des hochgestiegenen Wassers nach, und nun stürzte die ganze Masse, Gesteine, Geröll, Schlamm, Wasser, Bäume, Gebäude durch das Thal in den Vorderrhein, der hierdurch so anschwoll, daß er nördlich von Chur bis zum Bodensee seine hohen Dämme an vielen Stellen wegriß und das fruchtbare Land weithin verwüstete.

Das Gerölle, welches so von den Bergen herab durch die Flüsse weiter geschleppt wird, reibt sich überall aneinander und dadurch zeigt das Flußgeschiebe nur abgerundete Formen; die feinen Teile, der Detritus, ist sehr fruchtbar, während durch das Geröll das Land verwüstet wird. Da im Thale das Wasser ruhiger fließt, so müssen sich im Flußbette im Thale die schwereren Steine niederlagern und das Bett sich allmählich erhöhen, wodurch denn wiederum die Ueberflutungsgefahr wächst. Infolgedessen müssen die Ströme vielfach dort, wo sie aus dem Hochgebirge heraustreten, ebenso wie im Flachlande des Unterlaufes durch hohe künstliche Deiche eingedämmt werden, wie das am Rhein, an der Reuß, Rhone, am Inn u. s. f. der Fall ist.

Eine zweite Erscheinung von hoher Bedeutung im Quellgebiet des Rheines ist die große Zahl der Pässe, welche in keinem Teile eines Hochgebirges von solcher Höhe wie die Alpen in diesem Gebiete so zahlreich sind, wie hier. Die Oberalpstraße führt von Dissentis am Vorderrhein nach Andermatt an der Reuß (von hier über den St. Gotthard im Tessin, über die Furka in das Rhonethal), der Luckmanier vom Vorderrhein zum Tessin, der Bernhardin aus dem Hinterrheinthal durch das Missocothal nach Bellinzona, der früher und jetzt noch so besuchte Splügen auch vom Hinterrhein nach Chiavenna und dem Addathale, der zur Römerzeit stark benutzte, jetzt fast verlassen liegende Septimer aus dem Thale des Hinterhalbsteiner Rheines (Zufluß der Albula, die zum Hinterrhein geht) auch nach Chiavenna, der Julier, Albula und Flüela in das Innthal.

Der Bodensee zeigt alle jene Erscheinungen und Eigenschaften, welche den Binnenseeen eigentümlich sind. Durch eine weite, tiefe Einsenkung des Bodens im Thale des Rheinlaufs sammelt er in seinem Becken die Wasser des Stromes und regelt den Abfluß; erst nach längerer Zeit steigt bei Hochwasser des Oberrheins der Spiegel des Sees und damit der abfließende Strom, während umgekehrt bei geringem Stande des einmündenden Rheines der Abfluß nur langsam sinkt; letzterer zeigt also die Schwankungen nur in ganz geringem Maße. Die Ufer des Sees sind den Zerstörungen und Neubildungen genau in derselben Weise unterworfen, wie die Ufer des Meeres; das Geröll und der Schlamm, welche das Wasser mit sich führt, lagert sich im ruhigen Wasser ab, das Delta schiebt sich weiter in den See hinaus, letzterer nimmt also immer mehr an Ausdehnung und Tiefe ab und muß auch endlich, wenn auch erst nach vielen tausenden von Jahren verschwinden, um in ein Moos — ähnlich denen auf der Schwäbischen Hochebene — überzugehen. Das abfließende Wasser ist klar, rein von Geröll. — Wäre das Gestein, durch welches der Rhein sich südl. des Hegau sein Bett gegraben, leichter zu zerstören, so würde der Rheinfall rascher rückwärts schreiten und nach einigen Jahrtausenden der Abflußkanal bei Stein so tief liegen, daß der Spiegel des Bodensees stark sinken müßte. Die Stromschnellen, welche in den Erosionsthälern vorkommen, finden wir auf der Strecke von der Aarmündung bis Basel, bei Bingen, Caub, St. Goar.

In der ober- und niederrheinischen Tiefebene findet man zahlreiche Strecken, die einst Flußbett waren, nunmehr aber verlassen sind; durch den Strom wird stets das Ufer an einer Stelle abgewaschen, und an einer andern Stelle werden Gerölle angeschwemmt; dadurch aber ändert sich stetig wiederum die Richtung des Wasserstromes; bei Hochwasser finden Durchbrüche statt, es entstehen ganz neue Strecken des Flußbettes, während alte verlassen werden. Am deutlichsten zeigt sich dies im Delta des Rheines. Zur römischen Zeit wandte sich das Wasser des Stromes hauptsächlich durch denjenigen

Arm dem Meere zu, der noch heute den Namen Rhein führt, aber nun durch einen Kanal und die großen Schleusen von Kattwyk in die See mündet; später war der Hauptarm der Leck, und nunmehr ist dies die Waal, die ihren Namen an die Maas verliert.

Das Delta des Rheines ist sehr verwickelt; kurz nach dem Uebertritt des Stromes in holländisches Gebiet bei Pannerden teilt er sich; der linke Arm, etwa $^{7}/_{10}$ des gesamten Wassers mit sich führend, hat den Namen Waal und vereint sich mit der Maas; der rechte wird Nieder-Rhein (Neder Rijn) genannt, entsendet bald einen Arm nach N., die Yssel, zum Zuidersee; bei Wyk by Duurstede teilt sich der Rhein wieder in zwei Arme; der wasserreichere Leck geht nach W. und vereinigt sich mit der Merwede oberhalb Rotterdam, worauf der vereinte Fluß die Neue Maas genannt wird; der kleinere Arm wendet sich nach NW. unter dem Namen Krummer Rhein, fließt an Utrecht vorüber, wird dann Alter Rhein genannt und mündet unterhalb Leyden bei Kattwyk in die Nordsee; bei Utrecht wendet sich noch ein Arm „Vecht" nach N. der Zuidersee zu.

Der Rhein ist eine der wichtigsten Verkehrsadern; auf der Strecke Schaffhausen-Basel ist wegen der Stromschnellen keine Schiffahrt möglich, auch von Basel bis Straßburg ist die Strömung infolge des starken Gefälles zu stark, und daher findet erst von der Mündung der Ill ab regelmäßiger Schiffsverkehr auf dem Strome statt; von der See aus bis Köln können selbst kleinere Seeschiffe fahren. Von den Nebenflüssen sind es Ill, Neckar, Main mit Pegnitz, Lahn, Mosel mit Saar, Ruhr, welche ebenfalls von Schiffen befahren werden. Wichtig sind sodann die Kanäle, welche die Handelswege stark vermehren: der Rhein-Rhone-Kanal verbindet die Saone (Nebenfluß der Rhone) über Mülhausen mit der Ill bei Straßburg, der Rhein-Marne-Kanal die Marne (bei Vitry) über Toul, Nancy, Pfalzburg (Ueberschreitung der Maas, Mosel, Meurthe, Saar) mit der Ill; dadurch ist der Rhein mit allen französ. Flüssen in Verbindung gebracht. Die Ill selbst und die kleineren Flüsse aus dem Schwarzwald sind kanalisiert, und so können die Holzstämme aus dem Gebirge auf den Strom geflößt werden. Von dem Rhein-Marne-Kanal zweigt sich im See von Gundelfingen der Saarkohlen-Kanal nach N. ab, führt oberhalb Saargemünd in die Saar, welche noch stromabwärts kanalisiert ist, sodaß die Kohlen zu Schiff nach allen Richtungen versandt werden können. Der Ludwigskanal führt von Bamberg durch die Thäler der Pegnitz und Altmühl nach Kelheim an der Donau und verbindet so die Nordsee mit dem Schwarzen Meer; er wurde schon von Karl d. Gr. begonnen, aber erst in diesem Jahrhundert von Ludwig I. von Bayern vollendet. Besonders zahlreich sind die Kanäle in Holland, welche die einzelnen Flüsse und Flußarme verbinden und vielfach die Landstraßen ersetzen.

§ 15.

## Ems, Weser, Elbe, Eider.

1. Die **Ems** entquillt in der Sennerheide, am Abhange des Teutoburger Waldes, bildet im westfälischen Tieflande einen Viertelkreis und fließt dann nördl. durch die Prov. Hannover; von Leer ab erbreitert sie sich stark, bildet den weiten Dollart, der sich in das Meer öffnet. Ihr fließen zu von rechts bei Meppen: die **Haase**, die südl. Osnabrück in den Ausläufern des Osnings entspringt, und bei Leer die **Leda**.

2. Die **Weser** entsteht durch Vereinigung der **Werra** mit der **Fulda**; letztere, eigentlich nur ein Nebenfluß der ersteren, entspringt auf der Hohen Rhön, wendet sich zuerst westlich, dann nördlich, trennt hier anfänglich die Rhön vom Vogelsberg und durchschneidet dann das hessische Bergland in breitem Wiesenthale. Von W. nimmt sie die **Eder** (vom Ederkopf) auf. Die **Werra** kommt vom südl. Thüringerwald und begleitet dessen Südwestabhang seiner ganzen Länge nach; sie trennt diesen von der Rhön und dann das hessische Bergland vom Eichsfelde. Bei **Münden** vereinigen sich die beiden Flüsse zur Weser, um meist in nördl. Richtung, zweimal nach W. bezw. NW. abbiegend, zunächst durch das Weserbergland zu fließen; in der Porta Westfalica oberhalb Minden durchbricht sie die letzte Hügelkette und strömt nun durch das niedersächsische Tiefland an Bremen vorüber und mündet bei Bremerhafen.

**Nebenflüsse**: links: die **Diemel**, welche dem Nordostabhang der Hochfläche von Winterberg entspringt und bei Karlshafen mündet, und die **Hunte**, welche aus den westl. Ausläufern der Weserkette kommt, den kleinen Dümmersee durchfließt und sich in nördl. (an Oldenburg vorüber), dann östl. Richtung zur Weser wendet, die sie bei Elsflet erreicht; rechts: die **Aller** entspringt dem Hügelland westlich von Magdeburg, fließt in nordwestlicher Richtung und mündet unterhalb Verden in die Weser; nimmt von links die **Ocker** aus dem Harz (Braunschweig) und die **Leine** (Hannover) aus dem Eichsfelde auf.

3. Die Quellen der **Elbe** liegen auf dem Südabhange des Riesengebirges („die elf Brunnen auf der Elbwiese“); durch den Elbgrund wendet sich der junge Fluß nach SO., dann nach S. aus dem Gebirge durch die Böhmische Terrasse, wendet sich bei Pardubitz nach W., bei Kollin nach NW.; dann durchbricht er in einem östl. Bogen das Elbsandsteingebirge (Sächsische Schweiz) und tritt oberhalb Dresden in die reiche Ebene. Vor Wittenberg wendet sich der bis jetzt nordwestlich fließende Strom nach W., oberhalb Magdeburg nach N. und endlich wieder nach NW. Sie ergießt sich bei Cuxhafen unterhalb Hamburg-Altona in die Nordsee.

Nebenflüsse: links: 1. in Böhmen nimmt sie auf die Adler (aus dem Glatzer Geb.), die Moldau (vom Böhmerwald) und die Eger (vom Fichtelgebirge); 2. die Mulde entsteht durch Vereinigung der Freiberger- und Zwickauer-Mulde, welche beide aus dem Erzgebirge kommen und die zahlreichen Bäche von dessen Nordabhange aufnehmen (wie Zschoppau bei Chemnitz); sie fließt hauptsächlich nach N. und mündet unterhalb Dessau; 3. die Saale entspringt auf dem Nordwestabhange des Fichtelgebirges und wendet sich mit mehreren Bogen nach N.; ihr Thal zwischen den Thüringer Hügeln ist durch seine Schönheit und Fruchtbarkeit berühmt; sie ergießt sich unterhalb der Muldemündung in die Elbe; sie nimmt von links aus dem Thüringer Wald die Ilm, vom Eichsfelde die Unstrut und aus dem Harz die Bode auf; von rechts fließt ihr aus dem Voigtlande die weiße Elster zu, welche bei Leipzig die Pleiße aufnimmt; rechts: 1. die Schwarze Elster kommt von den Nordabhängen des Lausitzer Gebirges, fließt nordwestlich und mündet oberhalb Wittenberg in die Elbe; 2. die Havel kommt aus mehreren kleinen Seeen in Mecklenburg-Strelitz, wendet sich nach S. und bildet bei ihrer schwachen Strömung mehrfach flache Seeen. Von Spandau bis Plaue (unterhalb Brandenburg) nehmen diese tiefblauen, vielarmigen Seeen noch stark an Ausdehnung zu und erstrecken sich hauptsächlich nach W. Bei Plaue tritt die Havel als breiter Strom aus dem See, fließt nach NW. und mündet unterhalb Havelberg (bei dem letzten Knie der Elbe). Ihr fließt von links zu die Spree, welche im Isergebirge (hart an der böhmischen Grenze) entspringt, und nördlich durch die Vorberge in die Ebene fließt; unterhalb Kottbus bildet sie einen großen nach Osten offenen Bogen und durchströmt in zahllosen Kanälen den Spreewald; oberhalb Fürstenwalde wendet sie sich nach W., bildet in ihrem langsamen Laufe zahlreiche kleinere Seeen, fließt durch Berlin und mündet bei Spandau in die Havel; 3. die Elde kommt von der Mecklenburger Seeenplatte und mündet bei Dömitz.

4. Die Eider kommt aus mehreren kleinen Seeen des Höhenzuges in Holstein, wendet sich nach kurzem nördl. Laufe gegen W. und mündet bei Tönning.

---

Die Ems durchströmt in trägem, vielgewundenem Laufe die Moorgebiete Frieslands; durch zahlreiche Kanäle werden diese jetzt entwässert und so dem Ackerbau gewonnen; der Fluß bildet in dem Wattenmeere zwei breite Arme, welche die Insel Borkum umschließen. An der unteren Weser, von der Porta Westfalika ab, liegen fruchtbare Striche abwechselnd mit Mooren und gegen die Küste Geestland; im Gebiete der Elbe sind die Moore fast ganz verschwunden, mitten zwischen den fetten Marschländereien liegt zwischen den kleinen Nebenflüssen der Elbe, Ilmenau und Oste die Lüneburger Heide; auch sie sucht man mit Erfolg der Kultur zu gewinnen. Weser und Elbe haben beide eine trichterförmige Mündung, die des erstern Stromes öffnet sich mehr gegen Norden, die des letztern, wasserreichen, gegen Nordwesten in dem Innenwinkel der Nordsee, den die kimbrische Halbinsel bildet. Infolge der berührten Umstände steigt die Flutwelle in die Elbe viel höher hinauf bis nach Hamburg. Während daher letztere Stadt ein Seehafen ist, in den die größten Seeschiffe gelangen können, kommen solche in der Weser nicht über Bremerhafen hinaus. — Das Gebiet der Eider ist wesentlich Marschland.

Alle vier genannten Flüsse sind verhältnismäßig weit hinauf schiffbar und bieten daher treffliche Verkehrsstraßen. Die Weser wird bis Münden mit Dampfschiffen befahren, die Elbe bis weit nach Böhmen und ihr Nebenfluß Moldau ebenfalls noch auf eine Strecke. In der Ebene sind die Kanäle zahlreich und wichtig; so ist Aurich mit Emden und dem Dollart durch einen Kanal verbunden, die Eider durch den Eiderkanal mit dem Kielerhafen, die Elde durch den Stör- und Franz-Kanal mit dem Schweriner See, durch den Plauenschen Kanal die Havel bei Plauen mit der Elbe bei Genthin; der Finov-Kanal führt von der Havel zur Oder, der Friedrich-Wilhelm-Kanal von der Spree zur Oder. Alle diese Kanäle aber werden übertroffen werden durch den in Bau begriffenen Nordostsee-Kanal, der den Kieler Hafen mit der Elbe bei Brunsbüttel verbinden wird.

Täglich steigt zweimal der Spiegel des offenen Meeres an den Küsten (nicht an den Binnenmeeren, wie Ostsee und Mittelmeer) und zweimal wiederum geht es zurück, läßt den Strand weithin frei und zieht aus den Trichtermündungen der Flüsse deren Wasser hinaus in den Ocean; es sind dies die regelmäßigen Erscheinungen der G e z e i t e n (F l u t und E b b e). Infolge der Anziehung der Masse der Erde durch den Mond bildet sich in den großen Oceanen, wenn dieser Satellit durch den Meridian geht, in den tropischen Ländern eine hohe Welle, die mit dem Monde von O. nach W. fortschreitet, und sich nach N. und S., namentlich den Küsten entlang ausbreitet. So gelangt sie an die Küsten Europas, kommt durch den Kanal und gelangt so auch in die Mündungen der Ströme. In den breiten Trichtern der Schelde und der Elbe fängt sich die Welle und steigt hoch hinauf, da das Flußbett immer enger wird. Unter dem Einflusse der Sonne bildet sich eine zweite, viel kleinere Flutwelle; stehen nun Sonne und Mond in Konjunktion oder Opposition, so vereinen sich die beiden zu der besonders hohen „S p r i n g f l u t" (ihr Gegensatz ist die Nippflut), deren zerstörender Wirkung namentlich dann alles zum Opfer fällt, wenn während derselben ein Orkan hohe Wogen gegen das Land treibt; solchen Gewalten fallen die Inseln an der Nordseeküste allmählich alle zum Opfer. — Die Flut pflanzt sich rasch fort, aber zwischen der Kulmination des Mondes und dem Eintritt der Flut verfließt immer eine gewisse Zeit, und diese (für die Schiffahrt wichtig) wird in den Hafenorten die Hafenzeit genannt.

## § 16.

## Die Oder und die Küstenflüsse.

1. Die **Trave** entsteht in der Holsteinschen Niederung, fließt spiralförmig um ihre Quelle, wird bei Lübeck für Seeschiffe fahrbar und mündet bei Travemünde in die innersten Winkel der Neustädter Bucht.

2. Die **Warnow** sammelt die Gewässer zahlreicher Seeen der Mecklenburger Platte, wendet sich nach N. und bildet unterhalb Rostock den Breitlingsee, der bei Warnemünde mit der Ostsee in Verbindung steht.

3. Die **Peene** kommt ebenfalls von der Mecklenburger Seeenplatte, wendet sich gegen O. und bildet in ihrer breiten Mündung zwischen dem Festlande und der Insel Usedom den westlicheu Mündungsarm der Oder.

4. Die **Oder** entspringt auf dem Mährischen Gesenke, einem Bergland, das von den Sudeten sich nach SW. wendet; sie fließt zunächst nach NO., bildet auf eine kurze Strecke die Grenze zwischen Oestreich und Preußen und tritt bei Oderberg auf preußisches Gebiet. Nun wendet sie sich nach N., dann nach NW. durch das Tiefland, unterhalb Breslau ändert sie die Richtung ihres Laufes dreimal nach W. und dann nach N., gleichsam drei Treppenstufen bildend; unterhalb Küstrin trennt ihr breites, nach NW. gerichtetes Thal die Pommersche von der Mecklenburger Seeenplatte, dann wendet sie sich nach NNO. und bildet mit zahlreichen Armen ein langgestrecktes Delta; der östlichste von jenen wird die **Große Reglitz** genannt und ergießt sich mit mehreren kleineren Armen in den **Dammschen See**. Mit dem Abfluß des letztern bildet die über Stettin fließende Oder das **Papenwasser**, das in das **Haff** mündet; aus letzteren führen die **Peene**, **Swine** und **Dievenow** (dazwischen die Inseln Usedom und Wollin) in die Ostsee.

**Nebenflüsse**: links: 1. die **Oppa** entspringt auf dem Altvater und bildet in ihrem südöstlichen Laufe eine größere Strecke weit die östreichisch-preußische Grenze; 2. die **Glatzer Neisse** kommt vom kleinen Schneeberg im Glatzer Geb., fließt nördlich an Glatz vorüber, wendet sich dann nach O. und durchbricht das Eulengeb.; hinter Neisse wendet sie sich wieder nach N.; 3. die **Weistritz** kommt aus dem Eulengeb. und nimmt von links das **Striegauer Wasser** auf; 4. die **Katzbach** entspringt den nördl. Vorbergen des Riesengebirges, die sie in nördl. Richtung durchbricht, um dann nach O. sich zu wenden; 5. die Quelle der **Bober** liegt im Riesengebirge; der Fluß wendet sich über Hirschberg nach N., nur von Sprottau nach Sagan fließt er westl. und nimmt links die **Queis** vom Isergeb. auf; 6. die **Görlitzer Neisse** entspringt auf der Tafelfichte und strömt nach N. durch die Lausitz; 7. die **Ucker** kommt von den Höhen westl. der unteren Oder, durchfließt in nördl. Richtung zahlreiche

Seeen und mündet ins Haff; rechts: 1. die Malapane kommt aus russisch Polen, fließt westnordwestl. und mündet unterhalb Oppeln in die Oder; 2. die Bartsch entspringt in dem südlichsten Teile der Provinz Posen, bildet in ihrem westl. Laufe mehrere Seeen und weite Moore; sie mündet oberhalb Glogau; 3. die Warte entspringt in russisch Polen nahe der Malapane, fließt meist durch sumpfige, häufig überschwemmte Gegenden zunächst nach N., dann nach W. und tritt mit der Aufnahme der Prosna in preußisches Gebiet; bei Schrimm wendet sie sich nach N. über Posen, dann wieder nach W. und mündet unterhalb Küstrin; sie nimmt links die Prosna, den preußisch-russischen Grenzfluß, rechts die Netze auf; letztere bildet sich durch die Abflüsse mehrerer Seeen an der Grenze von Posen und russisch Polen, wendet sich zuerst nach N., von Bromberg an nach W., nimmt rechts von der pommerschen Seeenplatte die Keddow und Drage auf und mündet oberhalb Landsberg in die Warte; 4. die Ihna, welche ebenfalls aus der pommerschen Platte kommt, mündet unterhalb Stettin.

5. Die pommerschen Küstenflüsse Rega, Persante, Wipper und Stolpe kommen alle aus den pommerschen Seeen und münden nach kurzem Lauf in die Ostsee.

---

Alle die hier betrachteten Küstenflüsse, ebenso die Nebenflüsse der unteren Oder stehen mit den zahllosen Seeen des flachen Landrückens und der ostdeutschen Tiefebene in Verbindung. Ausgedehnt im Gebiete der Oder sind die Moore, unter denen das Oder-, Obra-, Netze- und Wartebruch zu nennen sind. Durch große Kanalbauten (Netzekanal durch Friedrich d. Gr. angelegt) sind die meisten Bezirke aber der Kultur gewonnen. — Unterhalb Küstrin machte die Oder früher einen großen Bogen; zur Abkürzung der Schiffahrt ließ Friedrich d. Gr. (von 1747—63) einen Kanal anlegen, in welchen sich nach und nach die ganze Wassermenge der Oder drängte, sodaß die westliche alte Oder nunmehr abgesperrt und fast ganz versumpft ist. Die Schiffahrt auf der Oder (bis Breslau mit größeren Schiffen), Warte und Netze ist von großer Wichtigkeit; sie wird durch Kanäle gefördert, welche die Verbindung mit andern Flußsystemen herstellen; so führt der Finowkanal über Oderberg zur Havel, der Bromberger Kanal von der oberen Netze nach Bromberg an der Brahe, einem Nebenflusse der Weichsel.

## § 17.

## Die ostdeutschen Flüsse.

1. Die Weichsel entsteht am Nordabhange der Beskiden in östreichisch Schlesien aus drei Quellbächen Czarno, Biala und Malinka, bildet sofort einen schönen Wasserfall, wendet sich nach N., dann

nach NO. und bildet auf eine Strecke die östreichisch-preußische Grenze; durch Oestreich und russisch Polen macht ihr Lauf fast genau einen Halbkreis, tritt kurz oberhalb Thorn auf preußisches Gebiet und wendet sich nun bald nach NO. bezw. N., um den baltischen Höhenrücken zu durchbrechen. In der Niederung teilt sie sich, der östliche Arm, die Nogat, fließt nordöstlich an Marienburg vorbei in das Frische Haff; der westliche Arm spaltet sich wieder in die Alte- und die Danziger-Weichsel; erstere wendet sich nach O. und öffnet sich in zahlreichen Armen in das Frische Haff, die letztere fließt parallel der Küste nach W. bis Danzig und mündet zwischen Neufahrwasser und Weichselmünde in die Danziger Bucht.

Nebenflüsse: links: 1. Pilika in Polen; 2. die Brahe kommt von der Seeenplatte westl. der Weichsel, durchbricht diese in südl. Laufe und wendet sich bei Bromberg nach O.; 3. Schwarzwasser ist auch ein Abfluß von Seeen und fließt nach S.; rechts: 1. Dunajec und San kommen aus den Centralkarpaten, der Bug aus der sarmatischen Tiefebene; letzterem gehen durch seinen Zufluß Narew zahlreiche Gewässer aus den ostpreußischen Seeen zu; 2. die Drewenz bringt in südwestl. Laufe die Abflüsse zahlreicher Seeen in Ost- und Westpreußen; sie bildet eine größere Strecke die Grenze zwischen Preußen und Polen und mündet oberhalb Thorn.

2. Die Passarge kommt aus der südlichen preußischen Seeenplatte, durchbricht diese in nördl. Laufe und mündet in das Frische Haff.

3. Der Pregel entsteht durch Vereinigung von Angerapp und Pissa; jene ist der Abfluß zahlreicher Seeen des baltischen Höhenzuges und fließt nördlich, diese kommt aus dem Wyszttyten See auf der preußisch-russischen Grenze, fließt westlich und nimmt bei Gumbinnen die Rominte auf; der Pregel wendet sich gegen W., empfängt unterhalb Insterburg von NO. die Inster, bei Wehlau von S. die Alle und mündet unterhalb Königsberg in das Frische Haff.

4. Der Memel (Njemen) entspringt in Rußland und tritt nach längerem westl., dann nördl. Laufe als größerer Strom in westl. Richtung in Preußen ein; er nimmt links die Szeszupa, rechts den Jura auf und teilt sich unterhalb Tilsit in zahlreiche Arme; die bedeutendsten sind Gilge, Ruß; er ergießt sich in das Kurische Haff.

---

Die Weichsel führt große Mengen von Geröll mit sich, welches sich bald hier, bald da ansetzt und dadurch die Schiffahrt sehr schwierig macht. Zahlreich sind auch die bewaldeten Inseln (Kämpe) und Sandwerder in dem breiten Strome, der die Ränder des Flußbettes bei jedem Hochwasser weiter zerstört. — An dem Delta der Weichsel, welches aus fruchtbarstem, vom Flusse selbst angeschwemmtem Lande besteht, kann man die Eigentümlichkeiten der Delta-Mündungen besser erkennen, als bei irgend einem andern deutschen Strome. Die sog. Alte Weichsel versandet mehr und mehr und führt jetzt schon bei mittlerem Wasserstande kein fließendes Wasser mehr, stagniert vielmehr; dagegen hatte sich am 1. Febr. 1840 bei Hochwasser bei Neufähr, östl. von Danzig ein Durchbruch gebildet, wodurch auch der Mündungsarm der Danziger Weichsel trocken gelegt zu werden in Gefahr kam; mittels Deichbauten ist der Durchbruch wieder verstopft. Unter Bildung neuer Wasserkanäle und Verlassen alter schiebt sich die Landbildung immer weiter in das Meer hinaus; dadurch wird der Flußlauf im Delta länger und hierdurch wiederum die Strömung schwächer; daher setzen sich Gerölle und Schlamm schon in der Flußrinne ab, sodaß diese nicht mehr alles Wasser, namentlich bei Hochwasser, führen kann; es treten infolgedessen regelmäßige Ueberschwemmungen ein, welche befruchtenden Schlamm (wie beim Nil, Mississippi, Ganges u a.) oder auch Sand und Gerölle mitbringen (wie bei der Weichsel). Große Deiche müssen dann die Niederungen des Deltas schützen, deren Zerstörung (wie im Dezember 1870 an der Nogat bei Elbing) weithin das Kulturland vernichtet. — Den Pregel können bis Königsberg nur kleine Seeschiffe hinauf. Durch die Deime und den Großen Friedrichsgraben steht der Pregel mit der Gilge in Verbindung.

Die Mündung des weit nach Rußland hinein schiffbaren Memel ist ebenfalls ein scharf ausgebildetes Delta, die durch ihre außerordentliche Fruchtbarkeit bekannte Tilsiter Niederung. Das Kurische Haff ist sehr flach, namentlich im südl. Teile; die Sanddünen der Nehrung, bis zu 60 und mehr Meter hoch, sind in steter Wanderung gegen O. begriffen, haben schon Dörfer vernichtet und bedrohen noch andere; auch besteht die Gefahr, daß das Haff großenteils gänzlich versandet. Der Schwierigkeiten wegen, welche der Schiffahrt entgegenstehen, hat Kurfürst Friedrich III. den großen und kleinen Friedrichsgraben angelegt, der die Gilge mit andern schiffbaren Küstenflüssen und durch die kanalisierte Deime mit dem Pregel verbindet.

## § 18.

## Donau.

Die Donau ist der größte Strom Deutschlands, der zweitgrößte Europas; ihre Quelle ist der Donaubrunnen im Schloßgarten zu Donaueschingen im südöstlichen Schwarzwalde; der Abfluß dieses Brunnens vereinigt sich sofort mit dem kleinen Flüßchen Brege, das von NW. durch ein freundliches Thal aus dem Gebirge kommt; gleich darauf kommt von rechts die Brigach, und nun führt der vereinte Fluß den Namen Donau. Sie durchbricht zunächst die Berge, durch welche die Rauhe Alb mit dem Schwarzwalde und dem Hegau in Verbindung steht, und fließt ostnordöstl. dem erstgenannten Gebirge entlang. Hinter Regensburg ändert sie ihre Stromrichtung nach OSO., dem Bayrischen Wald entlang, und bildet in ihrem ganzen Oberlaufe bis Passau die Nordgrenze der Schwäbisch-bayrischen

Hochebene. Bei der gen. Stadt tritt sie aus dem deutschen Gebiet nach Oestreich über und zugleich in ihren Mittellauf. Hier durchbricht sie zunächst die von beiden Seiten an sie herantretenden Berge der Ostalpen und des Böhmer Waldes, durchströmt dann unter mehrfachen Aenderungen ihrer Richtung Oestreich, Ungarn und die nördlichen Staaten der Balkanhalbinsel; sie mündet in drei Armen in das Schwarze Meer.

Nebenflüsse: links: 1. die Wörnitz entspringt auf der Frankenhöhe und trennt in ihrem meist südl. Laufe den Schwäbischen vom Fränkischen Jura und mündet bei Donauwörth; 2. die Altmühl kommt ebenfalls von der Frankenhöhe, durchschneidet die Fränkische Terrasse und den Fränkischen Jura; ihre Stromrichtung ist anfänglich nach SO., auf kurze Strecke nach NO. und dann wieder nach SO. gewendet; sie mündet bei Kelheim; 3. die Naab entsteht durch die Vereinigung von Fichtelnaab (vom Fichtelgebirge) und Waldnaab (vom nördl. Böhmerwald); sie fließt nach S. und mündet oberhalb Regensburg; 4. der Große und Kleine Regen, die am Gr. Arber bezw. Rachel im Böhmerwalde entspringen, vereinigen sich zum Schwarzen Regen; dieser fließt nach NW., trennt den Bayrischen vom Böhmerwald und nimmt von rechts den Weißen Regen auf; nun nimmt er den allgemeinen Namen Regen an, wendet sich gegen W., dann nach S.; er mündet bei Stadt am Hof, gegenüber Regensburg; 5. die Nebenflüsse, welche die Donau im Mittel- und Unterlauf aufnimmt, sind zahlreich und sehr bedeutend; die wichtigsten sind: March, Waag, Gran, Theiß, Alt, Sereth und Pruth; rechts: 1. die Iller ist die Vereinigung der drei Bäche Breitach, Stillach und Trettach in den Allgäuer Alpen; sie fließt nach N., bildet auf eine größere Strecke die Grenze zwischen Würtemberg und Baden und mündet bei Ulm; 2. der Lech kommt aus den Bayrischen Alpen, welche er in nördl. Laufe von den Allgäuer Alpen trennt; bei Füssen tritt er aus den Bergen in die Schwäbisch-bayrische Hochebene und ergießt sich unterhalb Donauwörth in die Donau; er nimmt außer den Abflüssen zahlreicher Seeen bei Augsburg links die von den Allgäuer Alpen kommende Wertach auf; 3. die Isar entquillt den Bayrischen Alpen, durchbricht diese in gewundenem Laufe, tritt oberhalb Tölz in die Hochfläche; sie fließt zunächst nördl. durch München, wendet sich bei Freising nach NO. und mündet unterhalb Deggendorf in die Donau; außer den Abflüssen zahlreicher Alpenseeen nimmt sie links die Ammer auf; 4. der Inn entströmt den Gletschern der Maloggia (Graubündner Alpen) und bildet das größte Thal der Alpen; in nordöstlichem Laufe scheidet er zwei Parallelketten der Graubündner Alpen, wendet sich dann nach Osten und scheidet die Tiroler- und Zillerthaler- von den Bayrischen Alpen; in nördl. Richtung durchbricht er die Alpen, tritt hier auf deutsches Gebiet, bildet darauf einen großen Bogen und erreicht endlich in nordöstl. Laufe als bayrisch-östreichischer Grenzfluß die Donau bei

Passau. Ihr fließen zu, rechts, aus dem Chiemsee die Alz und aus den Zilleralpen die Salzach; 5. die bedeutendsten Nebenflüsse der Donau in ihrem Mittel- und Unterlaufe sind: Traun, Enns, Leitha, Raab, Drau (mit l. Mur), Save (mit r. Bosna, Drina), Morava und Isker.

---

Das Thal der Donau in ihrem Oberlaufe zeigt große Gegensätze; bald ist es breit, der Strom — selbst breit — fließt zwischen flachen Schilfufern langsam dahin, bald aber engen dicht herantretende Berge Bett und Thal stark ein; von Ulm ab ist er schiffbar; die Stromschnellen bei seinem Durchbruche unterhalb Passau machen freilich die Fahrt schwierig, im Tieflande ist er nicht reguliert, verwüstet häufig bei Hochwasser seine Ufer. — Besonders bemerkenswert ist der Durchbruch der oberen Donau durch die Kalkberge. Kalk ist durch Wasser leicht aufzulösen und zu zerstören, daher findet man in den Gebirgen, die aus diesem Gesteine bestehen, besonders zahlreich Spalten, Gänge, Höhlen, unterirdisch fließende Gewässer und selbst Seeen. Bei Tutlingen verschwindet ein großer Teil des Wassers der Donau, wahrscheinlich in solchen Spalten; man vermutet, daß diese Abflüsse die Quellen der Aach speisen, welche sich nach S. wendet und bei Radolfszell in den Untern See mündet. — Durch die Altmühl führt der Ludwigskanal, welcher den Rhein mit der Donau verbindet und so einen Wasserweg aus der Nordsee zum Schwarzen Meere herstellt: — Die von den Alpen kommenden Nebenflüsse sind alle wasserreich, zeigen aber alle den Charakter wilder Gebirgsgewässer, führen große Mengen von Geröll mit sich und sind daher bei ihrem starken Strome meist nicht schiffbar, sondern nur flößbar. — Die Fläche der Schwäbisch-bayrischen Hochebene besteht zum größten Teile aus Geröll und Trümmern aus den Alpen, ist daher wenig fruchtbar; einzelne ausgedehnte Landstriche sind von Mooren bedeckt. Die zwischen Wertach und Lech gelegene Ebene wird Lechfeld genannt.

## § 19.

## Klima.

In ganz Mitteleuropa haben wir einen regelmäßigen Wechsel zwischen den 4 Jahreszeiten; überall tritt im Winter Frost für eine längere oder kürzere Zeit ein, und es fällt zeitweise Schnee; im Sommer aber steigt die Sonne höher über den Horizont empor und sendet täglich mehr wie 12 Stunden lang ihre erwärmenden Strahlen auf die Erde; infolgedessen wachsen und blühen die Pflanzen und bringen Früchte hervor. Hierdurch wird aber auch das Leben der Tiere bedingt. Es ist somit unser ganzes Dasein abhängig von dem Zustande der Atmosphäre und dem Wechsel dieser Zustände; dies aber nennen wir das Klima.

---

Wärme, Feuchtigkeit, Druck der Luft und Wind bestimmen in ihrem augenblicklichen Zustand das Wetter (Meteorologie ist die Lehre vom Wetter), das letztere aber in seinem steten Wechsel bestimmt das Klima eines Ortes.

Die Temperatur der Atmosphäre wird vermittels des Thermometers gemessen (und zwar nach Celsius). Das algebraische Mittel aus den Temperaturen um 6 Uhr morgens, 2 Uhr mittags und 10 Uhr abends giebt die mittlere Tageswärme an. Berechnet man das algebraische Mittel der Tagestemperaturen eines Monates, so erhält man die mittlere Monatswärme. In gleicher Weise kann man die mittleren Temperaturen für einzelne Jahreszeiten und das ganze Jahr bestimmen. Hierbei findet sich, daß diese letzteren bei langjährigen Beobachtungen nur unbedeutend schwanken. Orte, welche gleiche mittlere Temperatur besitzen, liegen unter derselben (Jahres-, Sommer-) Isotherme. Es ist nun klar, daß die höher gelegenen Orte im allgemeinen eine niedere Temperatur haben müssen, als die im Tiefland gelegenen; doch wirken außer der Höhe noch andere Verhältnisse auf die mittlere Wärme.

Die Luft besitzt ebenso, wie alle übrigen Körper, ein Gewicht und drückt daher auf die Erdoberfläche; wir spüren diesen Druck nur bei stärkerer Veränderung desselben (z. B. unter Taucherglocken, beim Aufsteigen in Luftballons u. s. f.). Man mißt diesen Druck durch das Barometer, letzteres zeigt, daß sich die Schwere der Atmosphäre in steter Veränderung befindet. Orte, welche zu derselben Zeit gleichen Barometerstand (ausgedrückt in der Höhe der Quecksilbersäule, welche dem Luftdrucke das Gleichgewicht hält) haben, liegen unter einer Isobare. Nun schwankt der Druck der Atmosphäre stetig, und man bestimmt daher für die einzelnen Zeiten den mittleren Barometerstand; letzterer ist, wie man dies auch zum voraus sagen kann, um so niederer, je höher ein Ort im Gebirge, also über der Meeresoberfläche liegt. Umgekehrt kann man aus dem mittleren Luftdrucke auch die Höhe eines Ortes über dem Spiegel des Meeres berechnen.

Die atmosphärische Luft enthält stets Wasser in Form von Dampf, bald mehr bald minder. Die Menge Wasser, welche die Luft aufnehmen kann, ist von der Temperatur abhängig; wenn die Atmosphäre grade so viel Wasser enthält, als nach der Temperatur möglich ist, so ist sie gesättigt. Nimmt nun die Wärme zu, so geht durch Verdunstung aus allen stehenden und fließenden Gewässern und selbst aus dem Erdboden neuer Dampf in die Luft über; sinkt dagegen die Temperatur, so muß aus der feuchten Luft ein Teil des Wasserdunstes ausscheiden, und dies geschieht durch die Hydrometeore. Die letztern sind, sofern wir sie in der Luft selbst warnehmen, Nebel oder Wolken, sobald sie aber auf die Oberfläche der Erde kommen, Tau, Reif, Schnee, Hagel, Regen. Die beiden ersteren Erscheinungen sind dieselben, nur bleibt der Nebel im allgemeinen in einem Bezirke (namentlich in Thälern) stehen, während die meist in höheren Luftschichten befindlichen Wolken in horizontaler Richtung mit dem Winde fortziehen unter steter Aenderung ihrer Form. Man unterscheidet Haufen-, Streifen- und Cirruswolken (Cumulus, Stratus, Cirrus). Die ersteren entstehen durch Eindringen eines kälteren Luftstromes in eine feuchtwarme Schicht; an den Aenderungen der Ballen, die im Sonnenschein glänzendweiße Flächen zeigen, erkennt man scharf das Vordringen der abkühlenden Luft. Man beobachtet sie namentlich im Sommer bei Gewittern, d. h. wenn sich die Hydrometeore unter gleichzeitigen elektrischen Entladungen (Blitz und Donner) vollziehen.

Scheidet sich die Feuchtigkeit der Luft bei einer Temperatur aus, die unter dem Gefrierpunkte liegt, so geht der Tau in Reif über; beide aber können nur dann sich bilden, wenn der Boden (infolge von Ausstrahlung) stärker sich abkühlt als die Atmosphäre; dadurch wird die auf der Erdoberfläche ruhende, unterste Luftschicht auch stärker abgekühlt und giebt einen Teil ihres Wasserdunstes an die hervorragenden Grashalme und Pflanzen ab.

Während bei Nebel- und Wolkenbildung die Abkühlung der Luft nur bis zum Sättigungspunkte erfolgt, sodaß sich bei einer Erwärmung wiederum diese Erscheinungen verlieren müssen, vereinigen sich die Dunstbläschen bei weiterer Abkühlung zu Schneeflocken (bei langsamer Abkühlung unter 0°), zu Hagelkörnern (bei plötzlichem, starken Sinken der Temperatur unter den Gefrierpunkt) oder endlich zu mehr oder minder starken Regentropfen.

Bei Erwärmung dehnt sich die Luft in gleicher Weise wie alle übrigen Körper aus, dadurch wird ihr Druck geringer und es muß somit das Barometer sinken. Gleichzeitig nimmt aber die wärmere Luft, die über den Meeren lagert, Wasserdunst auf, während über dem Festlande die Atmosphäre bei steigender Temperatur nur langsam sich sättigen kann. Bei der ungleichen Verteilung von Wasser und Land auf der Erdoberfläche, bei der großen Verschiedenheit der Temperaturen in den einzelnen Gegenden der Erde müssen daher sich ständig Gegensätze in dem Luftdrucke bilden; da aber die Luft ein elastisch flüssiger Körper ist, so suchen sich schwerere und leichtere Luft gegenseitig auszugleichen, es entsteht eine Strömung, die wir Wind nennen. Es muß daher stetig kalte, trockene Luft von den Polen gegen den Aequator hin strömen (Polarstrom), und umgekehrt muß auch warmer, feuchter Wind vom Gleicher weg nach den Polen hin wehen (Aequatorialstrom); infolge der Umdrehung der Erde um ihre Axe erscheinen die Winde auf der nördlichen Halbkugel als Nordost- bezw. Südwestwind. Sind die Unterschiede zwischen Druck, Wärme und Feuchtigkeitsgehalt der Luftschichten sehr groß, so wird auch der durch sie bedingte Wind heftig und vermag sich zum Sturme oder Orkan (Typhoon in China, Hurrican in Westindien, Tornado in Afrika, auch Cyklon genannt) zu steigern, der mit seiner gewaltigen Kraft alle menschlichen Werke vernichtet, Länder verwüstet, Städte zerstört.

Das Klima eines Ortes wird durch die durchschnittliche Aufeinanderfolge des verschiedenen Wetters während eines Jahres gebildet und ist daher abhängig von der geographischen Breite, der Lage des Ortes zum Meere und zu dem Festlande, von seiner Meereshöhe, seiner Umgebung, selbst von der Pflanzenwelt, da letztere namentlich die Regen= und die Gewitterbildungen beeinflußt. Ausdrücke, wie trockenes, feuchtes, heißes, kaltes, rauhes, mildes Klima und ähnliche, erklären sich von selbst.

Einen großen Gegensatz bieten das Kontinental= und das Seeklima. Die Oberfläche des Festlandes erwärmt sich unter dem Einflusse der Sonnenstrahlen sehr rasch, und umgekehrt kühlt es sich auch wieder beim Aufhören des Sonnenscheins ebenso rasch ab; die Temperatur des Wassers dagegen nimmt langsam zu, da zur gleichstarken Erwärmung von 1 kg Wasser eine mehr als 4 mal größere Wärmemenge gehört, als zu derjenigen der gleichen Masse starrer Erde. Einmal erwärmt bietet das Wasser aber eine große Wärmeansammlung, die nur allmählich verbraucht wird; und diese Wärme hält um so länger vor, als das abgekühlte Wasser schwerer ist und daher immer nach unten sinkt, während das wärmere, weil leichter, zur Oberfläche steigt. Aus diesem Grunde steigt die Temperatur der vom Meer weit abgelegenen Länder im Sommer, an den langen Tagen, sehr hoch, fällt aber auch im Winter um so tiefer, und selbst in kurzen Zeiten treten starke Gegensätze ein. Das Kontinentalklima hat daher heiße Sommer mit stark abgekühlten Nächten, lange, kalte Winter, rasche Umschläge, und ist trocken. In den Ländern, welche aber dem Einflusse der See ausgesetzt sind, fehlen die raschen Uebergänge, die übergroße Hitze des Sommers und die scharfe Kälte des Winters; und dies zeigt sich noch stärker, wenn die Küsten von einem warmen Meeresstrome umspült werden. So tritt z. B. an der Westküste Irlands fast nie Frost und Schnee ein, während das unter gleicher Breite liegende Irkutsk in den langen harten Wintern öfters Temperaturen von — 35° aufweist; die mittlere Jahreswärme beträgt in Irland + 10°, die von Irkutsk + 2°; dagegen gedeiht der Weinstock in Irland nicht, da die nötige Sommerwärme fehlt.

Deutschland hat ein gemäßigtes Klima, es wechseln die vier Jahreszeiten, aber weder der Sommer noch auch der Winter zeigen starke andauernde Hitze oder Kälte. Man kann dabei zwei Gebiete unterscheiden; im Westen zeigt sich der Einfluß der Seewinde durch die größere Feuchtigkeit und Wärme; das Gebiet der Donau, des Mains, der Mosel, des Rheines bis Köln liegt unter der Isotherme + 10° bis + 13°, in Nordschleswig ist die mittlere Jahrestemperatur gleich der von Posen und Ostschlesien + 8 bis 9°, in Pommern und Westpreußen sinkt sie auf 7 bis 8°, in Ostpreußen bis auf 6°. Die mittlere Sommerwärme ist am mittleren Rhein (einschl. Rheingau) + 19°, in der ganzen nord= und ostdeutschen Tiefebene 15 bis 17°, die mittlere Temperatur des Winters sinkt am Rhein nirgends unter 0°, in Ostpreußen dagegen auf — 6°. Die jährliche Regenhöhe beträgt an der Nordseeküste über 70 cm, steigt in den west- und süddeutschen Gebirgen über 85 cm, sinkt dagegen in Ostdeutschland teilweise auf 40 cm, auf dem Grenzgebiete zwischen Posen und Schlesien sogar unter 40 cm.

§ 20.

## Bodenschätze.

Deutschland ist von Natur nicht so reich an Bodenschätzen, als manche seiner Nachbarländer, es ist mehr wie diese darauf angewiesen, daß seine Bewohner durch angestrengten Fleiß die Geschenke der Natur weise verwerten und benutzen. Die drei wichtigsten Produkte sind Salz, Kohlen und Eisen. Ganz Norddeutschland scheint in den Tiefen ungeheuer reiche Schichten von Stein- und anderen Salzen zu besitzen, welche an verschiedenen Stellen bergmännisch abgebaut werden, wie in Inowraclaw (Prov. Posen), Sperenberg (bei Berlin), Leopoldshall und Staßfurt (an der unteren Saale). Aber auch in den Alpen und den deutschen Mittelgebirgen befinden sich mehr oder minder ausgedehnte Salzlager. Quellen, welche mit solchen Salzschichten in Berührung kommen, lösen diese auf und dringen dann als Soole zutage; in Salinen gewinnt man dann das für den Menschen und die Tiere nötige Salz. Die bekanntesten Quellen derart sind Reichenhall (in der Südostspitze Bayerns), Halle an der Saale, Hall an der Kocher, dann schwächere in Westfalen, bei Kreuznach, am Spessart u. s. f.

Die Steinkohlen bilden in unserer Zeit eines der bedeutendsten, wenn nicht das wichtigste natürliche Bodenprodukt. Wenn nun Deutschland auch nicht jenen Reichtum wie England oder Nordamerika besitzt, so hat es doch viel bedeutendere Lager als Frankreich, Spanien, Schweiz, Skandinavien. Es sind: 1. das Saarrevier an der mittleren Saar und Blies; 2. das Wurmrevier nördl. und nordwestl. von Aachen; 3. das Ruhrrevier auf beiden Seiten der mittleren und untern Ruhr und der Emscher; 4. Gebiete im Teutoburger Walde; 5. das sächsische Erzgebirge und 6. Schlesien (namentlich Oberschlesien).

Die Braunkohlen, die meist einen geringeren Wert besitzen, werden sowohl in den Gebirgsländern als auch im Flachlande an vielen Orten gefunden. Am wichtigsten ist ihre Gewinnung in der pr. Provinz Sachsen und dann in Posen. Torf wird ebenfalls auf den Rücken von Gebirgen und in den Ebenen gewonnen, vorzüglich in den Moorgegenden.

An Metallen ist Deutschland reich an trefflichen Eisensteinen, deren Gewinnung die Grundlage einer überall (namentlich an der Saar, Ruhr, in Westfalen und Schlesien) hochblühenden Industrie bildet. Kupfer, Blei und Zink werden auch in vielen Gebieten gefunden; Silber ist weniger häufig und wird fast ausschließlich aus Blei gewonnen, dem es beigemengt ist. Gold findet sich nur in sehr geringen Spuren im Geröll des Rheines u. a. Fl.

Von hoher Bedeutung ist die Gewinnung zahlreicher anderer Mineralien zu den verschiedensten Zwecken, so der Laven in der Eifel für Bausteine, des Trasses, von Sand und Kalksteinen u. s. f.

Die warmen Quellen bilden (neben den natürlichen Sauerwassern) für manche Gegenden die Grundlage des Reichtums und sind durch ihre Heilkräfte bei vielen Krankheiten unersetzlich für die leidenden Menschen. Die bedeutendsten und wichtigsten Bäder besitzen der Schwarzwald (Baden-Baden, Wildbad), Taunus (Wiesbaden, Soden, Nauheim, Homburg, Ems, Schlangenbad), Eifel (Aachen, Neuenahr), Teutoburger Wald (Lippspringe, Pyrmont), die Schlesischen Gebirge, Hunsrück (Kreuznach) u. a. m.

§ 21.

## Pflanzen- und Tierwelt.

Die Pflanzen sind in ihrem Vorkommen und Gedeihen wesentlich abhängig von dem Klima und auch von der Beschaffenheit des Bodens; manche verlangen Kalk, andere mehr Sand, wieder andere schwereren Lehm. Der Weinstock erfriert, wenn die Temperatur unter 20° im Winter sinkt, dagegen verlangt er im Sommer anhaltende Hitze. Die Zahl der Arten wildwachsender Pflanzen ist groß, doch stehn sie denjenigen der Tropen, auch an Farbenpracht, sehr nach. Von den einzelnen wildwachsenden Pflanzen sind besonders charakteristisch für die Moor- und Sumpfgegenden die Laubmoose, zwischen denen die zierliche, fliegenfangende Drosera vorkommt. Für trockene, sandige Gegenden ist die Heide das Merkmal; zwischen ihr wuchern die Vaccinium-Arten, und die Brombeeren bilden weite, dichte Hecken; manche farbenprächtige Blume (Pyrola, einzelne Compositen und Dipsaceen) schmücken das sonst eintönige Bild. Auf Kalkboden zerstreut finden sich überall in Deutschland noch die Vertreter der Orchideen, die in ihren wunderbaren Formen und Farben wie Fremdlinge zwischen den übrigen Pflanzen ausschauen; einzelne besonders schöne Arten, wie Cypripedium, Cephalanthera, gehen leider rasch ihrer Ausrottung entgegen.

Vortrefflich sind in den Gebirgsthälern, auf den Berghängen und in den Marschen die Wiesen, deren Gräser von manchen prächtigen Blumen und Kräutern bunt geschmückt sind (so von Gentianen, Euphrasia, Campanulen, Salvia). Wildwachsende Pflanzen, welche als Kultur- oder Zierpflanzen angebaut werden oder von denen letztere abstammen, giebt es nur wenige, wie einige Salix-Arten, Tulipa sylvestris, Lilium Martagon.

Ganz Deutschland, mit Ausnahme der höchsten Teile der Alpen, des Riesengebirges und der Spitze des Brockens liegt im Gebiete des Baumwuchses; das sog. Krüppelholz, die Zwergweide und Zwergbirke kommen aber auch auf dem Rücken anderer Gebirge, namentlich des Böhmerwaldes und vereinzelt selbst auf der Rhön, vor. Westschleswig ist fast baumleer, aber nur infolge der heftigen Westwinde, welche das Wachstum der Bäume hindern. Im Osten herrscht das Nadelholz, namentlich die Kiefer vor, während im Südwesten zusammenhängende große Laubholzwälder die Zierde der Gegenden bilden. Berühmt sind die Buchenwälder auf den Kreidefelsen von Rügen, auf den Vorbergen des Sächsischen Erzgebirges (Tharandt), auf der schwäbischen Alb, die alten Eichen im Spessart und dem Böhmerwald, die hohen, schlanken Fichten (namentlich Edelfichten) des Thüringer-, des Schwarzwaldes und der Vogesen. Ausgedehnte Eichenschälwaldungen finden sich überall in Südwestdeutschland. Am Donnersberg bildet die zahme Kastanie kleinere Bestände, Ahorn und Linde treten fast nirgends mehr in Zusammenhang als Waldbäume, sondern nur noch eingesprengt mit der wilden Kirsche, der Holzbirne hie und da zwischen andern Laubhölzern auf.

Der **Weinbau** beschränkt sich hauptsächlich auf die Thäler des Rheines und seiner Nebenflüsse südlich von Köln (namentlich Ahr, Mosel, Nahe, Main, Neckar, oberrheinische Ebene), mittlere Saale und Elbe, Oder und das Südende der Provinz Posen. Wo der Weinstock gedeiht, werden auch fast allerwärts Kastanien gezogen. Der Obstbau wird mit großem Erfolg in Südwestdeutschland (Neckarthal, Baden, Pfalz, Bergstraße, Franken, Rheingau, Nahe- und Rheinthal), auch in Sachsen, an der Saale, und selbst an einzelnen Punkten Norddeutschlands betrieben und bringt namentlich Pflaumen, Kirschen, Aepfel und Birnen, in günstigeren Lagen auch Aprikosen und Pfirsiche.

Der Ackerbau steht allerwärts in hoher Blüte; von den Körnerfrüchten gedeihen überall (mit Ausnahme in den höheren Gebirgslagen) Weizen, Korn, Gerste und Hafer, in einzelnen Bezirken auch Hirse; die Moorgebiete Norddeutschlands bringen viel Heidekorn. Von Hackfrüchten werden die Kartoffeln (vielfach zwangsweise durch Friedrich d. Gr. eingeführt) allerwärts, die Zuckerrüben vorzüglich am Niederrhein, in Sachsen, Schlesien und Baden gewonnen. Von Handelsgewächsen werden Tabak in verschiedenen Gebieten, namentlich in der Pfalz und Elsaß, Hopfen in Süddeutschland und an dem Rhein, Lein in verschiedenen Gebirgen (namentlich in Schlesien, Westfalen und Hessen) gewonnen.

Unter den **wild vorkommenden Tieren** ist die Zahl der Raubtiere nicht bedeutend; der Wolf kommt in den Gebirgen auf dem linken Rheinufer und in Ostdeutschland vor; die Wildkatze ist sehr selten, dagegen sind Fuchs, Marder, Iltis, Dachs noch häufig. Von den Zweihufern ist das Reh noch überall verbreitet, selten der Hirsch, in Ostpreußen kommt noch das Elentier, in den Alpen die Gemse vor. Von den Vielhufern ist das Wildschwein in einzelnen Gegenden, wie Spessart, Eifel, ein höchst unwillkommener Gast. Aus der Klasse der Nagetiere sind Kaninchen, Hase und Eichhörnchen noch stark verbreitet, der Biber kommt nur noch vereinzelt an der Mündung der Saale in die Elbe vor. Raubvögel finden sich namentlich durch Stein-, Fischadler, Bussard, Gabelweihe u. a. m. vertreten; ausgezeichnet sind die Vertreter der Singvögel (Schwalben, Finken, Meisen, Grasmücken, Krähen), doch sind auch die Hühner, Tauben, Reiher (Storch, Fischreiher, Rohrdommel), Schwimmvögel u. s. f. vertreten. Selten sind der wilde Schwan und die Trappe (im Osten). Von Giftschlangen tritt nur die Kreuzotter — in einzelnen Gegenden noch häufig — auf. Der Fischreichtum der Binnengewässer hat zwar gegen früher stark abgenommen; aber Dank der Fürsorge, die man demselben zuwendet, bevölkern sich Bäche und Flüsse wieder durch Edelfische.

Die Viehzucht steht auf hoher Stufe und bildet jetzt einen sehr wesentlichen Teil des Volkswohlstandes. Pferde werden namentlich gezüchtet in Ost- und Westpreußen, Mecklenburg, Schleswig-Holstein, Hannover und Oldenburg; die Schafzucht bringt die feinste Wolle in Brandenburg, Sachsen, Schlesien u. a. O. m.; die Rindviehzucht ist fast allerwärts in trefflichster Entwicklung begriffen, sowohl in den Gebirgen als auch in den Marschen.

# IV. Politische Erdkunde von Mitteleuropa.

## § 22.

### Die Bewohner Mitteleuropas.

Ganz Mitteleuropa nördlich der Alpen, von den Vogesen und der Maas bis über die Oder und die untere Weichsel hinaus, wird von den Deutschen bewohnt. Das Innere des böhmischen Kessels haben die Böhmen (Czechen) inne, und mitten zwischen den Deutschen wohnen in einzelnen Gegenden auch Vertreter anderer Völker; so an den Zuflüssen der Maas im Gebiete der Westeifel, sowie in den Ardennen Wallonen, an der Spree (nam. im Spreewalde) Wenden, im Gebiete der Warthe und der Weichsel Polen. Das Gebiet der Schelde ist die Heimat der Flamänder, das Mündungsgebiet von Maas und Rhein und das Flachland um die Zuidersee bilden die Wohnsitze der Holländer; die Dänen bewohnen die nördliche Hälfte der Halbinsel Jütland und die Inseln zwischen dieser und Skandinavien.

---

Schon eine oberflächliche Betrachtung von Menschen verschiedener Rassen zeigt, daß dieselben sich durch körperliche Merkmale — Form des Schädels und des Gesichtes, Farbe und Behaarung der Haut, Art der Haare, Verhältnis der Gliedmaßen zueinander u. a. m. — unterscheiden. Die Anthropologie, welche die Constitution des menschlichen Körpers als Gegenstand der wissenschaftlichen Forschung hat, teilt die Menschen daher in Rassen ein; nach Bildung der Haut und Haare werden Büschel-, Vließ-, Straff- und Lockenhaarige unterschieden, welche im ganzen in 12 Rassen (1. Hottentoten und Papua, 2. Kaffern und Neger, 3. Australier, Malayen, Mongolen, Hyperboräer und Indianer, 4. Dravida, Nuba und Mittelländer) eingeteilt werden.

Parallel mit den körperlichen Unterschieden sind die noch stärkeren Abweichungen in der geistigen Entwicklung leicht bemerkbar. Letztere wird unter dem Namen Kultur zusammengefaßt und zeigt sich in den religiösen Anschauungen, in Sprache, Sitten, Gebräuchen, Staatseinrichtung, Familienleben, Wissenschaften, Litteratur u. s. f. Auf die Höhe der Kultur eines Volkes haben Einfluß neben der natürlichen geistigen Anlage und Energie vor allem Klima, natürlicher Reichtum und Fruchtbarkeit des Landes, sowie das Vorkommen oder Fehlen von Nutzpflanzen, zu Haustieren geeigneten Tieren (Beispiele: die sehr niedere Kultur der Hyperboräer und der Australneger erklärt sich aus dem Fehlen einer jeden zum Ackerbau verwendbaren Pflanze und von Haustieren in Australien, aus dem Klima in den Polarländern; die frühe hohe Kultur Indiens ist ein Produkt der unerschöpflichen Fruchtbarkeit des Landes, u. s. w.) Man unterscheidet 4 Kulturstufen: 1) Einzellebende, bei denen sich gar keine staatlichen Einrichtungen, selbst meist kein eigentliches Familienleben ausgebildet hat; sie schweifen ohne feste Wohnsitze umher, bewohnen Höhlen, kennen keinen Besitz und kein Besitzrecht; 2) die Jäger und Fischer besitzen zwar auch noch keine dauernden, festen Wohnsitze, leben aber in selbstgefertigten Zelten, die auch zur Bewahrung ihrer Geräte und Vorräte dienen und in ihrer Einrichtung schon das Streben der Verfertiger nach Schönheit und zweckentsprechender Form zeigen; die Menschen auf dieser Kulturstufe bilden Familien, Gemeinden mit meist patriarchalischer Staatseinrichtung, kennen persönliches Eigentum, Sitte, Recht, haben religiöse Anschauungen, aber sie sind nicht seßhaft, sondern ziehen, durch klimatische oder andere Einflüsse gezwungen, zeitweise weiter, um später zum früheren Wohnplatze zurückzukehren; 3) die Hirtenvölker sind ebenfalls Nomaden, doch sehen sie, da ihr Dasein auf der Zucht der Haustiere (fast ausschließlich Zweihufer) beruht, in diesen ihre Freunde, sie haben daher mildere Sitten, bilden schon fester gefügte Staatswesen und besitzen höhere Religionssysteme; am höchsten stehen 4) die Ackerbauer, welche durch die Kultur des Bodens seßhaft geworden sind; bei ihnen erwacht die Liebe zur Heimat, die Beschäftigung mit dem Boden erfordert geregelte Arbeit, das geistige Leben wird angeregt, und so entwickeln sich allmählich auch die geistigen Kräfte; Handel, Gewerbe gedeihen, Sitte und Moral heben sich, die religiösen Anschauungen gelangen zur höchsten Blüte und üben auf die Handlungen der Menschen einen bestimmenden Einfluß aus. Auf dem Ackerbau beruht die Ordnung, die Grundlage eines jeden festgefügten Staatswesens.

Die Ethnographie beschäftigt sich mit der Entwicklung des Geistes der Menschheit und teilt letztere nach der Sprache ein. Unter „Volk" versteht man alle diejenigen, welche dieselbe Sprache als ihre Muttersprache reden, und die Völker, deren Sprachen nachweislich aus einer entstanden sind, bilden eine Völkerfamilie; daher weisen die Sprachen einer solchen dieselbe Art der Abbeugung der Worte sowie fast alle gleichen Wortstämme auf. So bilden die Deutschen, Dänen, Schweden, Norweger, Holländer-Friesen, Flamänder, Engländer die germanische Völkerfamilie, von der sich die Yankee zurzeit als ein besonderes Volk abzuzweigen im Begriffe stehn. Die Sprachen der genannten Völker leiten sich alle vom Altdeutschen ab. Zu der gräko-romanischen Familie gehören die Griechen, Rumänen, Italiener, Ladiner, Franzosen, Spanier, Portugiesen; zu den Slaven die Groß- und Klein-Russen, Polen, Czechen, Wenden, Raizen, Slovenen, Serben, Kroaten, Montenegriner u. a. m. Die Sprachen von verschiedenen Völkerfamilien beweisen die vorgeschichtliche Zusammengehörigkeit derselben, sie bilden eine Gruppe; so sind Germanen, Romanen und Slaven Glieder der großen indo-germanischen Gruppe, zu welcher außer den genannten noch die Kelten, Illyrier, Indier und Iranier (Perser u. s. f.) gehören. Auch in andern geistigen Eigenschaften und in körperlicher Hinsicht stimmen die Völker einer Gruppe in vielen Beziehungen überein, während sie sich von den Vertretern anderer Gruppen unterscheiden. Die einzelnen Rassen umfassen meist mehrere Gruppen, so die Mittelländer die vier: Basken, Kaukasier, Hamito-Semiten und Indogermanen. Von den beiden erstern Gruppen sind nur noch kleinere Trümmer vorhanden.

Die Deutschen zeichnen sich körperlich von den benachbarten romanischen und slavischen Völkern aus durch die — allen Germanen gemeinsame — helle Färbung der Haare und der Iris des Auges und hellere Hautfarbe; die Augen sind groß, die Stirne ist hoch, die Brust breit und stark, die ganze Entwicklung des Körpers kräftig, so daß die Deutschen große Strapazen auszuhalten vermögen. Der Grundzug ihres Charakters ist der Hang zur Gemütlichkeit, zu geistiger Spekulation und die unentwegte Treue. Aus diesem Grundzuge erklären sich die Eigenschaften, welche die Deutschen besonders zieren: Tiefe Religiosität und Moral, Liebe zur Heimat und Hingabe an das Vaterland, Anhänglichkeit an Familie und Haus, gründliches wissenschaftliches Streben, ernste nachhaltige Arbeit, und ein zur Schwärmerei neigender Sinn für Naturschönheiten. Daher haben sich die Wissenschaften neben der Gewerbthätigkeit in Deutschland in ungemein hohem Maße entwickelt, daneben aber sucht man nirgends mit größerem Eifer, wie in Deutschland, das menschliche Elend zu lindern, durch Werke der christlichen Nächstenliebe und durch staatliche Einrichtungen die minder begüterten und unglücklichen Menschen zu heben, in ihrer Lage zu bessern.

Außer Deutschen wohnen im W., in den Reichslanden Franzosen, im Kreise Malmedy in der Eifel romanische Wallonen, in Nordschleswig einige Dänen, im O. Polen, im Spreewalde slavische Wenden; die Litauer in Ostpreußen gehören zu dem lettischen Zweige der lettisch-slavischen Völkerfamilie; die dortigen Ureinwohner, die jetzt völlig germanisierten Pruzzen, waren desselben Stammes.

§ 23.

## Das deutsche Kaiserreich; Lage und Einteilung.

Das deutsche Reich, das Herz Europas, wird umgeben im W. von Frankreich, Luxemburg, Belgien und Holland, im N. von der

Nordsee, Dänemark, Ostsee, im O. von Rußland, im SO. von Oesterreich, im S. von Oesterreich und der Schweiz. Gegen Frankreich bilden teilweise der Kamm der Vogesen, gegen die Schweiz der Rhein und der Bodensee, gegen Oesterreich die Bayrischen Alpen, der Böhmer-Wald, das Erz-, das Riesengebirge und die Sudeten die Grenzen.

Das deutsche Kaiserreich wurde nach dem glorreichen Kriege gegen Frankreich von dem Könige von Preußen Wilhelm I. begründet, indem er sich am 18. Januar 1871 unter Zustimmung der deutschen Fürsten und dem Jubel des ganzen deutschen Volkes im Schlosse zu Versailles die Kaiserkrone aufsetzte. Zu dem Reiche gehören folgende Staaten:

1. Königreich Preußen;
2. „ Bayern;
3. „ Sachsen;
4. „ Württemberg;
5. Großherzogtum Baden;
6. „ Hessen;
7. „ Sachsen-Weimar;
8. „ Oldenburg;
9. „ Mecklenburg-Schwerin;
10. „ Mecklenburg-Strelitz;
11. Herzogtum Braunschweig;
12. „ Anhalt;
13. „ Sachsen-Altenburg;
14. „ Sachsen-Coburg-Gotha;
15. „ Sachsen-Meiningen;
16. Fürstentum Waldeck;
17. „ Lippe-Detmold;
18. „ Schaumburg-Lippe;
19. „ Schwarzburg-Rudolstadt;
20. „ Schwarzburg-Sondershausen;
21. „ Reuß ältere Linie;
22. „ Reuß jüngere Linie;
23. Freie Stadt Hamburg;
24. „ „ Lübeck;
25. „ „ Bremen;
26. Reichsland Elsaß-Lothringen.

An der Spitze des Reiches steht der König von Preußen als deutscher Kaiser aus dem Hause der Hohenzollern, gegenwärtig (seit 1888) Kaiser Wilhelm II.

---

Deutschland ist ein Bundesstaat, d. h. es besteht aus den oben aufgezählten 26 selbständigen Staaten, welche ihre inneren Angelegenheiten selbständig ordnen, während eine Reihe von Einrichtungen von der Reichsgewalt getroffen, und Gesetze über bestimmte Gegenstände von letzterer erlassen werden. Die höchste Macht des Reiches ruht beim Kaiser, und da sie sich vom Vater auf den ältesten Sohn vererbt, so ist Deutschland ein erbliches Kaiserreich. (Früher war es ein Wahlkönigreich, wobei der deutsche König gleichzeitig den Titel römischer Kaiser führte.) Der Herrscher hat Gewalt über Frieden und Krieg, ohne seine Zustimmung kann kein Gesetz erlassen, keine allgemeine Einrichtung getroffen werden, er ernennt die leitenden Beamten und ist oberster Kriegsherr. Ihm zur Seite steht der Reichskanzler, als der erste Beamte des Reiches, der durch seine Gegenzeichnung der kaiserlichen Erlasse die Verantwortung für diese übernimmt, da die Majestät unverletzlich und unverantwortlich ist.

Deutschland ist eine konstitutionelle Monarchie, d. h. durch eine Reichsverfassung (Konstitution) sind den Bundesstaaten und der Vertretung des Volkes eine Reihe von Rechten gewährt. Die ersteren üben diese Rechte durch eine Versammlung von Gesandten — Bundesrat — aus, das Volk wählt durch direkte Wahl seine Abgeordneten (annähernd auf je 100 000 Einwohner ein solcher), welche den Reichstag bilden. Ein Gesetz muß vor seiner Gültigkeit vom Reichstage und Bundesrat genehmigt, vom Kaiser durch Unterschrift vollzogen sein.

Das Militärwesen, die auswärtigen Angelegenheiten, die Straf- und die bürgerliche Gesetzgebung, die Arbeitergesetzgebung, die Post (nur die Königreiche Bayern und Württemberg haben eigene Postverwaltung) und die Zölle (die indirekten Steuern) werden von Seiten des deutschen Reiches geordnet bezw. verwaltet. Alle diese Einrichtungen sind trefflich geordnet, und der Deutsche ist mit Recht stolz auf dieselben. Den Einzelstaaten überlassen sind das Schulwesen, die Eisenbahnen, innere Verwaltung, direkte Steuern u. s. f. Aber auch diese Teile befinden sich in vortrefflicher Entwicklung und Ordnung, sodaß wir Deutschland als den bestgeordneten Staat, der z. B. die höchste Kulturentwicklung zeigt, ansehen müssen.

## § 24.

## Königreich Preußen.

### Allgemeines.

Das Königreich Preußen umfaßt fast $^2/_3$ des Areals des deutschen Reiches und etwas weniger als $^2/_3$ der Bewohner Deutschlands gehören zu Preußen. Letzteres, aus der Markgrafschaft Brandenburg und dem vom Deutschen Orden begründeten Ordenslande (dem späteren Herzogtume) Preußen hervorgegangen, bildet den nördlichen Teil Deutschlands; seine Grenzen im O. fallen mit denjenigen des Reiches und im W. ebenfalls — nördlich der Mosel — zusammen; im N. wird es nur auf geringe Strecken (durch Oldenburg und Mecklenburg-Schwerin) von der Meeresküste getrennt, und im S. grenzt es an Oesterreich (Schlesien und Böhmen), Königr. Sachsen, die Thüringischen Staaten, Bayern, Hessen und die Reichslande. Es umschließt die drei freien Reichsstädte, Oldenburg, die beiden Mecklenburg, Braunschweig, Lippe-Detmold, Schaumburg-Lippe, Waldeck, Anhalt, sowie Teile von Hessen und den thüringischen Staaten (Enklaven). Dagegen liegen auch einzelne Teile (Exklaven) außer Zusammenhang mit der großen Masse des preußischen Staates innerhalb anderer deutschen Länder, namentlich in Thüringen und an der Donau zwischen Baden und Württemberg.

Zu Preußen gehört das Gebiet des Rheines von der Mündung des Maines und der Nahe bis zur holländischen Grenze, das Gebiet der Ems, der Fulda und Weser, (von der Werra nur Teile), das der Elbe bald nach deren Eintritt in das Flachland, sowie die Gebiete von Oder, Weichsel, Memel, soweit dieselben zu Deutschland gehören. Das Land ist daher zur größeren Hälfte Flachland, von den Gebirgen liegen nur das niederrheinische Schiefergebirge, das hessische Bergland, der Thüringer Wald, der Harz und die Nordostabhänge der Sudeten in Preußen. Die höchste Erhebung des Landes ist die Riesenkoppe.

An der Spitze des Staates steht der König aus dem Hause der Hohenzollern, gegenwärtig Wilhelm II., gleichzeitig Kaiser von Deutschland. Eingeteilt wird das Reich in 12 Provinzen, an der Spitze der Verwaltung einer jeden steht der Oberpräsident; mehrere Regierungsbezirke, welche durch Regierungs-Präsidenten und die Regierungsbehörden verwaltet werden, und welche aus Kreisen bestehen, bilden eine Provinz.

---

Das Königreich Preußen ist aus der Vereinigung der Markgrafschaft Brandenburg mit dem Herzogtum Preußen entstanden und hat seine Größe in erster Linie den hohen Herrschertugenden seiner Fürsten (namentlich der Kurfürsten Friedrich I., Friedrich Wilhelm des Gr., der Könige Friedrich des Gr., Friedrich Wilhelm III. und des Kaisers Wilhelm I.) zu danken, welche es verstanden, in dem nicht reichen Lande alle Hülfsquellen zu erschließen, und die ihr Glück in der Förderung der Wohlfahrt des fleißigen Volkes suchten und fanden. Die Bewohner sind Deutsche, nur im Kreise Malmedy des Regierungsbezirks Aachen (am hohen Venn) wohnen romanische Wallonen mit eigener Sprache, im Norden von Schleswig Dänen, im Spreewald, Oberschlesien, Posen und Westpreußen verschiedene Slaven, und endlich in Ostpreußen noch einige Letten. — Die Fruchtbarkeit des Bodens ist sehr ungleich, großen weiten Bezirken kann nur durch angestrengte Arbeit eine lohnende Ernte abgerungen werden, während andere Landstrecken — namentlich die fetten Marschniederungen, die zwischen Gebirgen eingeschlossenen Ebenen und die Gebiete am Fuße der Gebirge — sich durch ihre Fruchtbarkeit auszeichnen. Die Wälder sind sehr ungleich verteilt; der Laubholzwald wiegt im Westen, das Nadelholz im Osten vor; berühmt sind die Wälder des Spessart, die Buchen in Schleswig-Holstein und auf Rügen, die Edelfichten des Thüringer Waldes. Der Ahorn und die Linde, welche einst einen nicht unwesentlichen Bestandteil des deutschen Waldes bildeten, sind ebenso wie die Birke meist verschwunden. — Die Bodenschätze von Preußen sind ebenfalls nicht so bedeutend, wie diejenigen vieler anderer Länder. Nur Salz, Kohlen und Eisen werden in sehr großen Mengen gewonnen, daneben Blei, Kupfer, Zink und Silber, Steine verschiedener Art. — Die Thatkraft der Bewohner und die treffliche Leitung des Landes durch seine einsichtigen Fürsten haben das nicht reiche Land zu einer so hohen und glücklichen Entwicklung gebracht, daß Preußen die Führung Deutschlands erlangt hat und Deutschland unter dieser Führung ein sicherer Schutz des Friedens ist und an der Spitze der Kultur steht.

§ 25.

## Brandenburg und die östlichen Provinzen.

Die Provinz Brandenburg, das eigentliche Stammland des jetzigen Königreichs Preußen, ist ihrer Ausdehnung nach die zweitgrößte Provinz, wird umschlossen von den beiden Großherzogtümern Mecklenburg, den Provinzen Pommern, Westpreußen, Posen, Schlesien, Sachsen, und vom Herzogtum Anhalt. Sie wird durchflossen von der Havel, Spree, Oder, Warthe (Netze), Bober und Görlitzer Neisse, und reicht im NW. an die Elbe. Der Boden ist flach, sandig, vielfach von niedern Kiefern bedeckt, an der Elbe und Oder sehr fruchtbar. Berlin an der Spree, Haupt- und Residenzstadt Preußens und Deutschlands, Sitz fast aller Hauptbehörden, einer Kgl. wissenschaftlichen, einer Kunst-, Bau-Akademie, Universität, eines Polytechnikums, mit $1^2/_3$ Mill. Ew. die drittgrößte Stadt Europas, entstand durch die Vereinigung mehrerer Orte; schöne, breite Straßen, herrliche Gebäude, bedeutende Denkmäler schmücken die Stadt. Wichtig ist vor allem die außerordentlich große Gewerbthätigkeit und der Handel. Regierungsbezirke: Potsdam und Frankfurt a/O. Potsdam, südwestlich von Berlin, an den herrlichen tiefblauen Havelseeen, mit zahlreichen Schlössern (Marmorpalais, Sanssouci), mitten im Sandlande gelegen, das durch die Fürsorge der Herrscher und den Fleiß der Bewohner in reiche Gärten und fruchtbare Aecker umgewandelt ist. Nahebei liegt Schloß Babelsberg auf einem bewaldeten Hügel am See, Lieblingsaufenthalt des Kaisers Wilhelm I. Die starke Festung Spandau am Einflusse der Spree in die Havel (Juliusturm) dient zum Schutze von Berlin. Brandenburg ist die ursprüngliche Hauptstadt des Landes an der Havel. In Neustadt-Eberswalde befindet sich eine Forstakademie. Frankfurt a. d. O. war im Mittelalter eine bedeutende Handelsstadt; nahe dabei liegt Kunersdorf. Die starke Festung Küstrin liegt auf dem l. Ufer der Oder gegenüber der Warthemündung; rechts des Stromes Zorndorf.

Die Provinz Pommern, nördlich von Brandenburg, dehnt sich entlang der Ostseeküste aus und wird westl. von den beiden Mecklenburg, östl. von Westpreußen begrenzt. An der Küste ist das Land meist flach, teils sandig, teils fruchtbar, mit einer Reihe von Strandseeen, nach dem Innern steigt es zu einer Hochfläche von 130 bis 250 m Höhe an, deren Mulden von zahllosen Seeen angefüllt sind; r. der Oder führt diese Erhebung den Namen Pommersche Platte (Ratzeberg 246 m), l. der Oder die Mecklenburger Platte. Die Inseln Zingst, Hiddensee, Rügen, Usedom und Wollin gehören zu Pommern. Eingeteilt wird es in die Regierungsbezirke Stettin, Stralsund und Köslin. Die Prov.-Hauptstadt Stettin (115000 Ew.) auf beiden Seiten eines Mündungsarmes der Oder ist der zweitbedeutendste Seehandelsplatz Preußens mit sehr ausgedehnter Industrie, nam. Schiffsbau. Die Einfahrt durch die Swine zur Oder wird durch die kleine Festung Swinemünde verteidigt. Stralsund, früher starke Festung am Bodden, der die Insel Rügen (bekannt durch ihre herrlichen Buchenwälder und ihre Kreidefelsen) vom Festlande trennt. Greifswalde, nahe dem Meere, Universität. Kolberg, östl. der Oder, nahe der Mündung des Küstenflusses Persante in die Ostsee, war früher Festung; Heimat Nettelbecks. Köslin nahe der Küste am Fuße des 144 m hohen Gollenberges, mit altem Schloß.

Die Provinz Westpreußen umfaßt im wesentlichen das Gebiet der unteren Weichsel, soweit diese überhaupt durch deutsches Gebiet fließt; sie wird umschlossen von den Provinzen Pommern, Brandenburg, Posen, Ostpreußen, von russisch Polen und grenzt im N. an die Ostsee (Frisches Haff, Danziger Bucht, Putziger Wiek). Das Land gehört zu der ostdeutschen Ebene, im W. steigt das Land zu der Pommerschen Seeenplatte an und erreicht im Thurmberg die Höhe von 331 m. Oestlich der Weichsel erhebt sich die Preußische Platte mit zahllosen Seeen. Die Niederung ist sehr fruchtbar, der Meeresstrand und große Teile der beiden Platten sind sandig, vielfach von Nadelholz bedeckt. Eingeteilt wird die Provinz in die Regierungsbezirke Danzig und Marienwerder. — Danzig, starke Festung, am l. Arm der Weichsel, 3 km vom Meere, ist Flottenstation und der bedeutendste Handelshafen Preußens; es ist eine alte Stadt mit vielen bedeutenden Bauten aus den früheren Zeiten des Glanzes. Marienburg, an der Nogat, war lange Zeit Sitz des Deutschordens; das berühmte Schloß wird jetzt wieder hergestellt. Elbing, eine reiche Stadt, liegt in der fruchtbaren Niederung. Marienwerder liegt hoch und schön r. der Weichsel. Thorn ist eine starke Festung am r. Weichselufer; Geburtsort von Nik. Copernikus; über den Strom führt eine große Eisenbahnbrücke.

Die Provinz Ostpreußen bildet den nordöstlichsten Teil des deutschen und des preußischen Reiches, grenzt im SW. an Westpreußen, im W. wird sie von der Ostsee (Frisches und Kurisches Haff) umspült und auf den übrigen Seiten von Rußland umgeben. Sie umfaßt das Gebiet des Memel und des Pregel, ist gegen die See reines Flachland, während die größere innere Hälfte von der Preußischen Platte mit ihren zahllosen Seeen bedeckt ist. In den Niederungen des Pregel giebt es ausgedehnte Sümpfe; in den weiten Nadelwäldern kommt noch der Elenhirsch vor. Eingeteilt wird die Provinz in die Regierungsbezirke Königsberg und Gumbinnen. Königsberg (160000 Ew.), Provinzialhauptstadt, auf beiden Seiten des Pregel nicht weit von dessen Mündung, ist die zweite Residenz und die Krönungsstadt Preußens; es ist sehr stark befestigt, Sitz einer bedeutenden Universität und betreibt sehr wichtigen Handel. Gegen die Seeseite ist es geschützt durch die Festung Pillau am Eingange des Frischen Haffs. An der Küste fischt man hier nam. nach Stürmen Bernstein, den man auch auf dem Lande in Gruben gewinnt. Memel, die nördlichste Stadt Deutschlands, liegt am Eingange des Kurischen Haffs. Gumbinnen an der Pissa ist ein freundlicher Ort, wo sich die vertriebenen Salzburger unter Friedrich Wilhelm I. niederließen. Tilsit mit lebhaftem Handel liegt an dem Memel.

Die Provinz Posen zwischen Westpreußen, Brandenburg, Schlesien und russisch Polen umfaßt hauptsächlich das Gebiet der Warthe und Netze und reicht im NO. bis an die Weichsel. Das Land ist ausschließlich eben, vielfach Moorland, mit zahlreichen Seeen. Eingetheilt wird die Provinz in die Regierungsbezirke Posen und Bromberg. Posen (70000 Einwohner) ist eine sehr starke Festung an der Warthe. Bromberg an der Brahe, einem l. Nebenflusse der Weichsel (von der Pommerschen Platte kommend), treibt sehr lebhaften Handel. Ein Kanal führt von hier zur Netze und verbindet so Weichsel und Oder.

Schlesien, die größte Provinz Preußens, dehnt sich zu beiden Seiten der Oder von NW. nach SO. aus, grenzt an Posen, Brandenburg, Königreich Sachsen, Oesterreich und Rußland. Der südwestliche Teil der Provinz ist gebirgig (Glatzer- und Riesen-Gebirge), im übrigen gehört das Land zur ostdeutschen Tiefebene, aus der sich südwestlich von Breslau der Zobtenberg (723 m) steil erhebt. Der größte Teil des Landes ist sehr fruchtbar, nur im Norden liegen öde Bruchländer. Im SO. bildet die Weichsel in ihrem Oberlaufe die Grenze gegen Oesterreich. Eingeteilt wird die Provinz in die Regierungsbezirke Breslau, Oppeln, Liegnitz. — Breslau, die zweitgrößte Stadt des preußischen Staates (nahe 350000 Einw.), liegt zu beiden Seiten der Oder, hat eine Universität und sehr wichtigen Handel. Die Festung Glatz liegt mitten im Gebirgskessel an der Neisse, Oppeln am r. Oderufer, Festung Neisse am gleichnamigen Flusse; in dem Gebiete, wo Oesterreich, Rußland und Preußen zusammenstoßen, befinden sich sehr reiche Eisen- und Kohlengruben; die Hauptorte in dieser industriereichen Gegend sind Beuthen und Königshütte. Liegnitz liegt an der Katzbach, einem kleinen Zuflusse der Oder. Groß-Glogau ist eine starke Festung an der Oder.

Görlitz, lebhafte Handelsstadt an der Görlitzer Neisse, war früher die Hauptstadt der Oberlausitz. Im Riesengebirge giebt es zahlreiche Badeorte, bekannt ist der Fleiß und auch die Armut der Gebirgsbewohner (Leinenweber); den Mittelpunkt der Industrie bildet Hirschberg.

---

In der Provinz Brandenburg (außer Berlin) blühen vor allem die Schafzucht, welche sehr hochgeschätzte Wolle erzeugt, die Tuchindustrie (Luckenwalde, Guben, Kottbus, im Spreewalde u. a. a. O.), und in Rathenow die Brillenschleiferei. Von Wichtigkeit ist auch in einzelnen Bezirken der Obstbau. In Pommern ist nur das Land zu beiden Seiten der Oder und in Vorpommern fruchtbar, im übrigen Lande wird Pferde-, gute Schaf- und ausgedehnte Federviehzucht betrieben, an der Küste hat der Fischfang große Wichtigkeit, während die Industrie außer in Stettin keine Bedeutung hat. In Westpreußen mit seinem fetten Boden, namentlich im Weichseldelta ist der Ackerbau sehr ergiebig, Körner-, Hackfrüchte und Handelsgewächse (namentlich Flachs) gedeihen vorzüglich, die Pferdezucht ist wie in Ostpreußen in blühendem Zustande, sehr wichtig ist der Handel; mehrere Brücken überspannen die Weichsel und die Nogat. Manche Städte zeigen noch die Reste ihrer einstigen Größe, so die frühere Hansastadt Kulm, von wo aus einst Preußen der Kultur gewonnen wurde; der kath. Bischof von Kulm hat seinen Sitz in Pelplin. In Ostpreußen ist das Klima schon wesentlich ungünstiger, als in Westdeutschland, doch gedeihen noch Weizen, Korn u. s. f. Die Pferdezucht ist hier am bedeutendsten im deutschen Reich, die Wälder haben noch eine sehr große Ausdehnung; wichtig ist für das Küstenland die Gewinnung des Bernsteins. Die Industrie blüht hauptsächlich in Königsberg, der Handel ist an vielen Orten recht bedeutend. In Braunsberg, einer alten Hansastadt, befindet sich ein bischöfl. Lyceum. Der Bischofssitz ist das nahebeigelegene Frauenburg am Frischen Haff. — Der Boden der Provinz Posen birgt Salz und Braunkohlen. Ackerbau und Viehzucht bilden die Hauptbeschäftigung der Bewohner; Brennereien verwerten vielfach die Frucht. Schlesien ist gleich bedeutend durch seinen ergiebigen Ackerbau (neben Körner und Hackfrüchten namentlich auch Tabak und Raps), seine vortreffliche Viehzucht, die sehr entwickelte Industrie (Kohlen, Eisen, Zink, Kupfer, Wolle, Leinen, Zucker, Spiritus) und den ausgedehnten Handel. Doch sind auch einzelne Bezirke, namentlich im Gebirge außerordentlich arm. Bekannt sind durch ihre Industrie Schweidnitz (Porzellan), Freiburg (Uhren), Waldenburg und Reichenbach (Spinnereien und Webereien), Guben (Tuch), durch die Bäder Ober-Salzbrunn, Reinerz, Warmbrunn, durch seinen Weinbau Grünberg.

## § 26.

## Die westliche Hälfte Preußens.

Die Provinz Sachsen wird umgrenzt von den Provinzen Brandenburg, Hannover, Hessen-Nassau, sowie von Braunschweig, den thüringischen Staaten und dem Königreich Sachsen; auf eine kurze Strecke grenzt es auch an Schlesien; es umschließt das Herzogtum Anhalt, sowie Teile von Braunschweig und den thüringischen Staaten, während die Kreise Ziegenrück und Schleusingen inmitten von Thüringen liegen. Die Provinz gehört fast ausschließlich dem Gebiet der Elbe und ihrer Nebenflüsse (Mulde, Saale, Schwarze Elster, Havel) an und ist (meist sehr fruchtbares) Flachland; nur der südliche Teil ist hügelig (Thüringer Hochebene), im W. reicht der Harz in die Provinz, und den südwestlichen, bis an die Werra reichenden Teil bildet das kahle Eichsfeld. Die höchste Erhebung ist der Brocken (1141 m). Eingeteilt wird die Provinz in die drei Regierungsbezirke: Magdeburg, Merseburg, Erfurt. — Magdeburg (über 200000 Ew.) ist eine sehr starke Festung an der mittleren Elbe, gleichzeitig sehr bedeutende Handels- und Industriestadt; im berühmten Dome befindet sich das Grab Ottos des Gr. Südlich an der Bode (Zufluß der Saale) liegt Staßfurt, bekannt durch seine reichen Salzbergwerke. Am Fuße des Harzes liegt Halberstadt, im Gebirge selbst Quedlinburg, gegründet von König Heinrich I., der mit seiner Gemahlin Mathilde im Dome daselbst ruht. Merseburg an der Saale in schöner, obstreicher Gegend, besitzt einen berühmten Dom; in der Nähe die drei berühmten Schlachtorte Roßbach, Lützen (Denkmal Gustav Adolfs) und Großgörschen. Halle, an der Saale (über 100000 Ew.), besitzt große, aus alter Zeit berühmte Salzwerke und eine Universität, welche durch Vereinigung der beiden früheren in Wittenberg und Erfurt gebildet ist. Die früheren Festungswerke von Wittenberg an der Elbe (Dom) sind geschleift. Erfurt, Festung an der Gera (Zufluß der Unstrut, welche sich in die Saale ergießt), ist berühmt durch seinen Gartenbau, die früher freie Reichsstadt Nordhausen durch ihre Industrie. Im Bezirke liegen zahlreiche durch die Herstellung von Waffen berühmte Orte.

Die Provinz Schleswig-Holstein besteht aus dem preußischen Teile der kimbrischen Halbinsel, reicht im S. an die Elbe, ist umgeben von der Provinz Hannover, von Hamburg, Mecklenburg, Lübeck, von der Ostsee, Dänemark und Nordsee. Die beiden Meere bilden zahlreiche Buchten und Busen (so Neustädter-, Kieler Bucht, Flensburger Föhrde u. v. a. m.), und an der Küste, nam. der westlichen, liegt eine große Zahl von Inseln: die nordfriesischen Inseln (darunter Sylt, Föhr, die Halligen), sowie Helgoland in der Nordsee, Alsen und Fehmarn in der Ostsee. Das Land ist flach, nur eine niedere Erhebung (die Fortsetzung des balt. Rückens) zieht auf der Ostseite von S. nach N., in der südl. Hälfte liegen in dessen Einsattlungen noch viele Seeen. Die Westhälfte ist kahl, teilweise ödes Geest-, vielfach aber auch sehr fruchtbares Marschland, die Osthälfte ist durch ihre prächtigen Buchenwälder bekannt. Die Provinz besteht nur aus dem Regierungsbezirk Schleswig. — Schleswig an dem inneren Ende der Schlei ist Sitz der Civilbehörden. Südöstlich liegt Eckernförde an der gleichnamigen Bucht. Nordöstlich von Flensburg dehnt sich die Halbinsel Sundewitt (mit den Düppeler Schanzen) aus. Kiel ist der Hauptkriegshafen Deutschlands in der Ostsee, sehr stark befestigt; ein großer Kanal ist im Bau begriffen, der den Hafen mit der Unterelbe, also der Nordsee verbinden wird. Altona (nahe 150000 Ew.) bildet mit Hamburg eine zusammenhängende Stadt, blüht durch Handel rasch auf.

Von der Elbe bis zur holländischen Grenze erstreckt sich die Provinz Hannover, welche aus zwei getrennten Teilen besteht; der südliche kleinere liegt r. der Weser und Werra, wird von Braunschweig und den Provinzen Hessen-Nassau und Sachsen umschlossen und ist gebirgig (im NO. der Harz); der nördliche, größere Teil der Provinz stößt an Schleswig-Holstein, Hamburg, Mecklenburg-Schwerin, Brandenburg, Sachsen, Braunschweig, Schaumburg, Westfalen, Holland und die Nordsee, und schließt das Großherzogtum Oldenburg sowie Bremen ein. Das fast ganz ebene Land (nur im südöstlichen Teil, an der oberen Weser und bei Osnabrück finden sich Höhenzüge) gehört zum Gebiet der Elbe, Weser (Aller, Leine) und Ems, hat neben sehr fruchtbaren auch öde Landstriche, wie die Lüneburger Haide, die großen Moorstrecken. Der Küste sind die westfriesischen Inseln (darunter Borkum und Norderney) vorgelagert. Eingeteilt wird die Provinz in die Regierungsbezirke Hannover, Hildesheim, Lüneburg, Stade, Osnabrück und Aurich. — Hannover (165000 Ew.), an der Leine, ist eine schön gebaute, gewerbfleißige Stadt mit herrlichem Schlosse und einem Polytechnikum. Hildesheim, südöstl. von Hannover, ist eine alte Bischofsstadt (Dom). Die Universität Göttingen an der Leine, das durch seinen Bergbau und Bergakademie berühmte Klausthal im Harz; die alte Hansastadt Lüneburg, an der Ilmenau, besitzt noch die Wälle, Türme und zahlreiche Gebäude aus alter Zeit. Harburg liegt l. der Elbe, Hamburg gegenüber. Stade an der Elbe ist noch Festung. Osnabrück ist eine alte Bischofsstadt mit berühmtem Rathaus, an den Ausläufern des Teutoburger Waldes. Der starke Kriegshafen Wilhelmshaven am Jadebusen, umschlossen von Oldenburg, ist der deutsche Kriegshafen an der Nordsee.

Die Provinz Westfalen wird von Hannover, den Fürstentümern Schaumburg und Lippe, dem Herzogtum Braunschweig, von Hessen-Nassau, dem Fürstentum Waldeck, der Rheinprovinz und dem Kgr. Holland umschlossen, umfaßt die Quellgebiete von Eder, Lahn, Sieg, Ruhr, Lippe, Ems, stößt im O. an die Weser, erreicht aber im W. nirgends den Rhein. Die nördliche Hälfte ist Flachland, die südliche und der Nordosten wird von Gebirgen durchzogen (Rothaar-Gebirg, Sauerland, Teutoburger Wald); der Kahle Astenberg (849 m) ist der höchste Punkt der Provinz. Einteilung: Regierungsbezirke Münster, Minden, Arnsberg. — Die Hauptstadt Münster an der Aa, einem Zuflüßchen der Ems in wenig fruchtbarer Haidegegend, ist eine alte Stadt mit manchen merkwürdigen Gebäuden (wie Rathaus, Lambertikirche), Sitz einer Akademie. Minden, an der Weser, nahe dem Durchbruche derselben durch das Wesergebirge (Porta Westfalica), war einst als Hansastadt sehr bedeutend; im Teutoburger Wald liegen die gewerbthätigen Städte Bielefeld und Herford. Arnsberg war früher die Hauptstadt des Herzogtums Westfalen. Dortmund, Bochum, Witten, Hagen, Iserlohn, Siegen sind bekannt durch ihre außerordentliche Gewerbthätigkeit.

Hessen-Nassau ist die kleinste Provinz des preußischen Staates, (1866 gebildet aus dem früheren Kurfürstentum Hessen, dem Herzogtum Nassau, der freien Stadt Frankfurt und den von Hessen abgetretenen Gebietsteilen), grenzt an die Rheinprovinz, Westfalen, Hannover, im NW. an Waldeck, im O. an Thüringen und Bayern, im S. an das Großherzogtum Hessen, stößt im S. und SW. an den Main und Rhein und schließt die Provinz Oberhessen des zuletzt genannten Staates, sowie den zu den Rheinlanden gehörigen Kreis Wetzlar ein. Der Kreis Rinteln liegt an der Weser zwischen Lippe und Schaumburg, Schmalkalden im Thüringerwald. Außer den genannten Strömen sind die Hauptflüsse Lahn und Fulda; Werra und Fulda gehören nur auf kürzere Strecken der Provinz an. Das Land ist bis auf einzelne kleinere Bezirke gebirgig (Rhön, Hessisches Bergland, Westerwald, Taunus), die höchste Erhebung ist die Große Wasserkuppe (950 m). Die Provinz vereinigt in sich die schärfsten Gegensätze; während der Rheingau wohl den reichsten Bezirk des Staates bildet, gehört die Hohe Rhön zu den unfruchtbarsten und ärmsten Landstrichen. Regierungsbezirke: Kassel und Wiesbaden. — Kassel, die Hauptstadt der Provinz, ist an der Fulda gelegen, hat schöne Schlösser (Wilhelmshöhe in der Nähe), Museum, große Gewerbthätigkeit. Marburg an der Lahn ist Sitz der Universität. In Fulda befindet sich das Grab des hl. Bonifacius. Wiesbaden, nahe dem Rhein in einem Thalkessel, ist einer der besuchtesten Badeorte mit schönen Anlagen, prächtigen Bauten. Frankfurt am Main (180000 Ew.), früher freie Reichsstadt, in welcher die Wahl des deutschen Königs, später auch dessen Krönung stattfand, ist eine der reichsten Städte Deutschlands, hat namentlich sehr bedeutenden Handel; von den geschichtlich merkwürdigen Gebäuden ist der Römer und die Paulskirche zu erwähnen. Im Taunus sind die warmen Heilquellen und Mineralbrunnen sehr zahlreich, die bekanntesten sind neben Wiesbaden: Ems, Nassau, Schwalbach, Schlangenbad, Nauheim, Homburg, Soden, Selters.

Die Rheinprovinz (mit Hohenzollern) nimmt ihrer Größe nach erst die 7te Stelle unter den preußischen Provinzen ein, übertrifft aber alle an Zahl ihrer Bewohner. Sie wird umgrenzt von Luxemburg, Belgien, Holland, Westfalen, Hessen-Nassau, Großherzogtum Hessen, der Bayrischen Rheinpfalz und den Reichslanden; der Kreis Wetzlar liegt inmitten von Hessen an der Lahn und das zu Oldenburg gehörige Fürstentum Birkenfeld an der Nahe wird von der Rheinprovinz umschlossen; diese liegt auf beiden Seiten des Rheines, und etwa $^3/_4$ des Landes gehört zum Stromgebiet dieses Flusses, nur der Nordwesten zu dem der Maas. Die südliche größere Hälfte ist Gebirgsland (Hunsrück, Eifel, Westerwald, Bergische Höhen), die nördliche kleinere Hälfte gehört der Niederrheinischen Ebene an. Der höchste Punkt ist der Walderbeskopf (814 m) im Hochwald. Der Boden ist reich an mancherlei Schätzen, namentlich Kohlen und Eisen, und vielfach sehr fruchtbar, nur die Hochflächen der Gebirge sind öde und unfruchtbar, doch sucht die Kgl. Regierung mit Erfolg auch diese Gebiete zu heben. Eingeteilt wird die Provinz in die Regierungsbezirke Coblenz, Köln, Düsseldorf, Aachen und Trier; außerdem gehören hierzu in manchen Zweigen der Verwaltung die hohenzollerschen Lande oder der Regierungsbezirk Sigmaringen, an der oberen Donau, zwischen Baden und Württemberg. — Koblenz, Sitz der Prov.-Behörde mit stark befestigten Außenforts, liegt am Zusammenfluß von Mosel und Rhein in prächtiger Umgebung. Badeorte Kreuznach an der Nahe, Neuenahr an der Ahr. Köln, die volkreichste Stadt am Rhein (bald 300 000 Ew.) und die drittgrößte Preußens, bildet mit dem gegenüber liegenden Deutz eine sehr starke Festung; der Dom ist berühmt, der Handel und die Gewerbthätigkeit sind sehr ausgedehnt. In Bonn, herrlich am Rhein, bei dessen Austritt aus dem Gebirge, gelegen, befindet sich die Universität der Provinz. Düsseldorf (über 150000 Ew.), ebenfalls am Rhein in der Ebene, früher Hauptstadt des Herzogtums Berg, Sitz der Prov.-Verwaltung, hat eine Kunstakademie und sehr bedeutende Industrie; der Bezirk ist der dicht bevölkertste und gewerbfleißigste des ganzen preußischen Staates: Die wichtigsten Städte sind hier: Duisburg an der Mündung der Ruhr, Essen an der Ruhr, Elberfeld (125000) und Barmen (116000 Ew.), welche eine zusammenhängende Stadt im Wupperthale bilden — alle rechts des Rheines —, dann M.-Gladbach, Crefeld auf der l. Seite des Stromes. Aachen (104000 Ew.) hat seit alter Zeit berühmte Bäder (Karl der Gr.), alten Dom, lebhafte Industrie und ein Polytechnikum. Düren. Trier, sehr alte Stadt an der Mosel, in reichem, schönem Thal, Mittelpunkt des Weinhandels, hat viele Ruinen und Trümmer aus römischer Zeit.

In den Hohenzoller'schen Landen ist Sigmaringen an der Donau der Sitz der Regierungen. Bei Hechingen in der Rauhen Alb befindet sich die wiederhergestellte Stammburg der Hohenzollern.

---

Die Provinz Sachsen gehört zu den reichsten Preußens; der Boden birgt sehr große Schätze an Salz, Braunkohlen, auch an Kupfer und Silber, dabei ist das Land meist außerordentlich fruchtbar, daher steht der Ackerbau und auch die Viehzucht (Schafe und Fettvieh) in Blüte, es werden Körnerfrüchte, Hackfrüchte (Zuckerrüben, Kartoffeln) und Handelsgewächse (Tabak, Cichorien) gewonnen; daneben haben der Gartenbau und die Blumenzucht, nam. in Erfurt und Quedlinburg, der Obstbau im Saalethal eine weltberühmte Ausdehnung erlangt. Auf grund dieses natürlichen Reichtums hat sich eine lebhafte Industrie entwickelt: Eisenindustrie nam. Maschinenbau in Magdeburg und im Harz, Waffenfabriken in Sömmerda und Suhl (in alter Zeit das Zeughaus Deutschlands genannt), Schwefelsäurefabriken und Branntweinbrennereien in Nordhausen, Tuchfabriken in Burg, vor allem aber Zuckerfabriken und Spiritusbrennereien.

Durch die Lage und das Klima sind die Bewohner der Provinz Schleswig-Holstein wesentlich auf den Fischfang, Viehzucht (nam. Mastvieh und Pferde) und Handel hingewiesen. Der Kampf, den die Bewohner der nordfriesischen Inseln mit dem alles verschlingenden Meere fast ständig um den mageren Boden führen müssen, hat sie fest gestählt; sie geben die besten Matrosen für die Flotte. — Das (Watten-) Meer zwischen den Inseln ist meist flach, und kann nur von flachen Booten befahren werden; zur Zeit der Ebbe liegt es meist trocken. Bei Stürmen werden die von Westen heranrollenden hohen Wellen auf das Land geschleudert, zerstören dies und reißen große Teile ab. Um daher die Inseln zu schützen, werden große Dämme (Deiche) gebaut; doch zerstören noch häufig die gewaltigen Wellen, wenn zur Zeit einer Springflut heftiger Sturm das Meer aus seinen Tiefen aufwühlt, die Deiche und stürzen sich, alles vernichtend, weit über das Land. Die kleinen Inseln, welche dieser schützenden Deiche entbehren, nur für Viehzucht (Schafe) benutzt werden und von denen nur einzelne wenige Bewohner beherbergen, werden Halligen genannt. Durch die Seebäder sind bekannt Föhr und Sylt.

Die Provinz Hannover zeigt große Gegensätze; am Meere, dessen Küsten und vorliegende Inseln ebenfalls vielfach nur durch Kunstbauten vor dem vorzeitigen Untergang bewahrt werden können, wechseln das dürre, sandige Geestland, fette Marschen, die Heimat vorzüglicher Viehzucht, und ausgedehnte Moore ab. Letztere, die bisher den wenigen Bewohnern nur ein spärliches Brot gewähren (Heidekorn), werden Dank der Fürsorge der Regierung durch Entwässerung und Kultivierung dem Landbau gewonnen. Zwischen Aller und Elbe erhebt sich, teils in Hügeln, teils in ebener Fläche die Lüneburger Heide; sie trägt im O. prächtige Wälder, fällt gegen N. ziemlich steil ab, ihre Seehöhe ist meist 100—125 m, ihr höchster Punkt steigt zu 158 m an. Bienen- und Schaf-(Heidschnucken-)zucht bildeten bis jetzt fast die einzige Beschäftigung der Bewohner; auch dies Gebiet wird jetzt der Kultur gewonnen. Im Innern ist sonst die Provinz sehr fruchtbar, berühmt ist die treffliche Pferdezucht. Die Industrie ist in raschem Aufblühen begriffen. Der Harz birgt noch große Schätze an den verschiedensten Metallen; außer dem Bergbau ist die Zucht und Abrichtung von Singvögeln schon seit Alters her berühmt.

Der nördliche Teil der Provinz Westfalen ist Flachland, besteht vielfach aus Weiden oder Heideland, das Gebirgsland im Süden ist aber an natürlichen Produkten überreich, namentlich an Kohle, Eisen; auch Kupfer und Nickel werden gewonnen; im Anschlusse an den Bergbau hat sich an der Ruhr, Lenne, Lippe und im Gebirge eine Industrie entwickelt, wie sie blühender kaum irgendwo vorkommt. In der Gegend von Minden ist die Tabak-, im Teutoburger Walde die Leinenindustrie von hoher Bedeutung. Die Provinz hat noch ausgedehnte Laubholzwälder (Eichen und Buchen).

Im Regierungsbezirk Cassel sind die Bodenprodukte nicht bedeutend, nur Braunkohle wird in der Nähe der Hauptstadt, Eisen im Kreise Schmalkalden am Thüringer Wald gewonnen; der Boden ist nur in einzelnen Bezirken fruchtbar, so namentlich an der Schwalm und am Main, wo auch treffliches Obst gedeiht. Die Pferdezucht ist in der Gegend von Marburg sehr bedeutend. Im Regierungsbezirk Wiesbaden sind die Bodenschätze außerordentlich groß, Phosphorit, Marmor, Zink, Blei, Kupfer an der Lahn, vorzügliche Eisensteine an der Lahn, Dill, auf dem Westerwalde. Die Thäler sind alle fruchtbar, berühmt durch den edlen Wein und das Obst ist der herrliche Rheingau, die Gebirgsabhänge und die vorliegende Ebene vom Main abwärts bis unterhalb Rüdesheim.

Die Rheinprovinz ist durch ihre Fruchtbarkeit, durch ihre Bodenschätze, ihre hochentwickelte Industrie und ihren lebhaften Handel gleich ausgezeichnet; verhältnismäßig am wenigsten bedeutend ist die Viehzucht, welche nur in einzelnen Bezirken wichtig ist. An den Berghängen des Rheins, der Mosel, der unteren Saar, der Nahe und Ahr wird Wein gezogen, in den Thälern und auf den Vorbergen sehr viel Obst (auch Pfirsiche, Nüsse, Aprikosen), der Ackerbau bringt Körner-, Hackfrüchte und auch Handelsgewächse hervor. Kohlen werden im Saarbrücker-, im Wurm-Revier und an der Ruhr gewonnen, in den nämlichen Bezirken und am Rhein bei Mülheim, sowie zwischen Koblenz und Neuwied blüht die Eisenindustrie, am berühmtesten sind die Werke von Krupp in Essen, wohl die größten der Welt. Kupfer, Blei, Zink findet man vielfach. Die Tuchindustrie ging in Deutschland vom Regierungsbezirk Aachen aus, sie ist jetzt in Eupen, Aachen, Düren und im Bergischen noch heimisch, Glas wird namentlich bei Saarbrücken und Aachen hergestellt, Papier an vielen Orten, M.-Gladbach ist durch seine Baumwollenindustrie, Viersen durch Bandwebereien, Krefeld durch die Seidenmanufakturen, Duisburg durch die chemischen Fabriken, Elberfeld-Barmen durch die Färbereien, Webereien u. s. f. berühmt; vortreffliche Maschinenfabriken findet man vielfach. In der Vordereifel werden die vulkanischen Produkte gewonnen (Lava, Tuff, Traß, Bimsstein).

## § 27.

## Königreich Bayern.

Das Königreich Bayern ist der zweitgrößte Staat Deutschlands, etwas größer als $^1/_5$ von Preußen, hat aber weniger als $^1/_5$

der Einwohner des letztern; es liegt in Süddeutschland und besteht aus zwei völlig von einander getrennten Teilen; der östliche, große erstreckt sich von den Alpen bis zum Frankenwald und wird von Oestreich, dem Kgr. Sachsen, den Thüringischen Staaten, Preußen, Hessen, Baden und Württemberg umgrenzt. Es waltet das Gebirgsland vor (Bayrische und Salzburger Alpen, Schwäbisch-bayrische Hochebene, Fränkischer Jura, Böhmer Wald, Fichtelgebirge, Frankenwald, Rhön, Spessart), nur vereinzelte kleinere Ebenen liegen dazwischen, so bei Bamberg. Es ist das Gebiet der Donau und ihrer Nebenflüsse von Ulm bis Passau und das des Main von der Quelle bis unterhalb Aschaffenburg. Im Süden reicht Bayern bis an den Bodensee. Der wesentlich kleinere Teil liegt westlich des Rheines, umschlossen von der Rheinprovinz, Hessen, Baden und den Reichslanden; er umfaßt die Haardt und das Pfälzer Bergland teilweise; am Rheine entlang dehnt sich die reiche oberrheinische Tiefebene aus. Der höchste Punkt des Landes und auch Deutschlands ist die Zugspitze (2974 m). Die Bewohner sind sämtlich Deutsche: Bayern, Schwaben und Franken. Der Boden ist teilweise fruchtbar, streckenweise aber auch öde und unfruchtbar. Die Könige stammen aus dem Hause Wittelsbach, das Reich wird in 8 Regierungsbezirke eingeteilt.

Oberbayern umfaßt die Abfälle der Alpen und die Hochfläche östlich des Lech. München, Hauptstadt des ganzen Landes (350000 Ew.), die viertgrößte Stadt des deutschen Reiches, liegt in öder Gegend auf beiden Seiten der rasch strömenden Isar, ist eine schöne Stadt mit herrlichen Bauwerken und reichen Sammlungen, Sitz einer Universität (ausgezeichnete Bibliothek), einer Akademie, Kunstschule, eines Polytechnikums u. s. f. Bedeutend ist die Industrie (Bier). In den Alpen und an den herrlichen Seeen befinden sich zahlreiche Bauten (Schlösser, Villen). Reichenhall ist sehr berühmte Saline und Bad in den Salzburger Alpen. Die Festung Ingolstadt liegt an der Donau.

Niederbayern, nordöstlich des vorhergehenden Regierungsbezirks gelegen, umfaßt die Gebiete der unteren Isar, des Inn, der Donau und des Böhmerwaldes. Passau, dessen verschiedene Stadtteile auf beiden Seiten von Inn und Donau malerisch liegen, war einst Festung.

Schwaben und Neuburg ist das Land westlich von Oberbayern zwischen Lech und Iller, den Alpen und Donau. Augsburg, am Einfluß der Wertach in den Lech (Lechfeld), war einst die bedeutendste Handelsstadt Deutschlands (Familie Fugger), ist noch heute durch seine Gewerbthätigkeit und seinen Handel von Bedeutung, besitzt noch zahlreiche herrliche Bauten aus der Zeit seines Glanzes. Lindau liegt auf einer Insel im Bodensee.

Die Oberpfalz liegt zum Hauptteil zwischen Donau und dem Fichtelgebirge, umfaßt also das Gebiet von Naab und Regen. Regensburg, am innern Knie der Donau (r. U.), war lange Sitz des deutschen Reichstages (im Rathaus); auf dem gegenüber liegenden Ufer liegt am Einfluß des Regen Stadt am Hof, etwas stromabwärts auf einem Hügel Walhalla, ein aus Marmor erbauter Ehrentempel für ausgezeichnete deutsche Männer.

Oberfranken umfaßt hauptsächlich das Quellgebiet des Maines, das frühere Fürstentum Bayreuth und das Hochstift Bamberg. Bayreuth, am Roten Main in lieblichem Thale, hat in seiner Umgebung mehrere Schlösser aus der Zeit, wo die Markgrafen aus dem Hause Hohenzollern hier ihren Sitz hatten. Hof ist die einzige Stadt Bayerns nördlich des Fichtelgebirges an der Saale. Bamberg, in weitem Thale inmitten eines Waldes von Obstbäumen an der Regnitz, nahe dem Einflusse in den Main, hat einen berühmten Dom.

Mittelfranken liegt südwestlich des vorigen. Die Hauptstadt Ansbach an der Fränkischen Rezat war lange Sitz hohenzollerscher Markgrafen. Nürnberg (142 000 Ew.), altehrwürdige Stadt an der Pegnitz, hat sich aus seiner großen Vergangenheit mehr, als irgend eine andere Stadt, seine Eigenart bewahrt; die Kirchen, Brunnen, die öffentlichen und auch zahlreiche Privatgebäude zeigen noch heute, daß es einst die erste Kunst- und Handelsstadt Deutschlands war; heute noch ist es eine der bedeutendsten Städte, seine Sammlungen, seine Kunstschule und seine Industrie genießen hohen Ruf. Mit dem gewerbthätigen Fürth, am Zusammenfluß der Regnitz mit der Pegnitz, ist es durch die 6 km lange, älteste Eisenbahn Deutschlands (1835) verbunden. Erlangen ist der Sitz einer Universität.

Unterfranken ist das Land des Maines. Würzburg, am rechten Mainufer, war schon beim Beginne des 7. Jahrhunderts Sitz eines Bischofs, ist jetzt Festung und Sitz einer berühmten Universität. In der Umgebung wird starker Wein- und Obstbau betrieben. In der Rhön liegen die bekannten Badeorte Kissingen und Brückenau.

Die Rheinpfalz liegt links des Rheins. Im schönen Dome von Speyer liegen acht römisch-deutsche Kaiser begraben. Die bedeutendste Stadt ist das gewerbthätige Kaiserslautern.

---

Während die Hochfläche südlich der Donau und auch das Kalkplateau des Jura bei rauhem Klima meist unfruchtbar ist, sind die Ebenen des Main und des Rhein berühmt durch ihren Reichtum. Hier gedeihen Wein und Obst vortrefflich, vielfach wird auch Hanf, Tabak gebaut. In den Gebirgen steht die Viehzucht in hoher Blüte. Der Böhmerwald liefert viel Holz, Glas und Eisen, in der Pfalz findet man auch Quecksilber und Kohlen, im südöstlichsten Winkel Salz. Die Industrie hat sich in einzelnen Orten hoch ausgebildet, so in München (Gießereien, Optische Instrumente, Bier), Nürnberg, Fürth, Kaiserslautern u. a. m. Die katholischen Diözesen sind: München-Freising, Passau, Regensburg, Eichstädt, Bamberg, Würzburg und Speyer.

§ 28.

## Württemberg, Hessen, Baden und die Reichslande.

Das Königreich Württemberg, zwischen Bayern, Baden und den Hohenzollerschen Landen gelegen, reicht im S. bis an den Bodensee, im N. erreicht es nirgends den Main, es umfaßt daher wesentlich die Hochflächen auf beiden Seiten der Donau (von Tuttlingen bis Ulm), sowie das Gebiet des Neckar. Der höchste Punkt ist der Oberhohenberg (1012 m) in dem Teile des Schwäbischen Jura, der den Namen Heuberg führt. Das Herrscherhaus ist das Haus Württemberg, der jetzige König Wilhelm II. Das Land wird in 4 Kreise eingeteilt: Neckar-, Jagst-, Schwarzwald- und Donaukreis. Die Landeshauptstadt Stuttgart (140000 Ew.) liegt nahe dem Neckar in einem reizenden, von Rebenhügeln umgebenen Thale, ist eine neue, sehr schön gebaute Stadt mit herrlichen Bauten, einem Polytechnikum und großen Parkanlagen, welche bis zum Badeort Kannstatt am Neckar führen. An diesem Flusse liegt auch Marbach, der Geburtsort Schillers. Heilbronn, das sich wie Nürnberg und Augsburg ganz seinen altertümlichen Charakter gewahrt hat, ist jetzt der bedeutendste Fabrikort des Landes. Ellwangen an der Jagst ist der schöngelegene Hauptort des Jagstkreises, die Universität Tübingen am Neckar des Schwarzwaldkreises. Ulm an der Donau ist deutsche Bundesfestung, eine altertümliche Stadt mit herrlichem Dome, der zweitgrößten Kirche Deutschlands. Am Bodensee liegt die blühende Stadt Friedrichshafen. Auf den Höhen Württembergs, nam. in dem Schwäbischen Jura, finden sich die Ruinen zahlreicher Schlösser, die Stammburgen der edelsten deutschen Geschlechter; so Hohenstaufen, Lichtenstein, die Veitsburg (Stammschloß der Welfen) u. v. a.

Das Großherzogtum Hessen besteht aus zwei von einander getrennten Landesteilen, der kleinere liegt nördlich des Main völlig umschlossen von der preußischen Provinz Hessen-Nassau, der größere südlich des Main auf beiden Ufern des Rheins, umgrenzt von den pr. Provinzen Rheinprovinz und Hessen-Nassau, von Bayern (Unterfranken), Baden und der Rheinpfalz. Der größere Teil des Odenwaldes und die Abfälle des Pfälzer Berglandes umschließen hier die fruchtbare Rheinebene, während das nördliche Land ganz zum rauhen Vogelsberg und der fruchtbaren Ebene der Wetterau gehört. Die Regenten stammen von dem Hause Brabant. Der jetzige Großherzog ist Ernst Ludwig. Eingeteilt wird das Land in die Provinzen: Starkenburg, Rheinhessen und Oberhessen. — Die Hauptstadt Darmstadt liegt in der Ebene, ist im Aufblühen begriffen und hat eine polytechnische Schule. Von hier führt am Fuße des Odenwaldes entlang die durch ihre Schönheit und ihren Reichtum (nam. an Obst und Wein) berühmte Bergstraße bis zum Neckar. Offenbach am Main l. U., oberhalb Frankfurt, ist die bedeutendste Industriestadt des Landes. In Rheinhessen ist die Hauptstadt Mainz, gegenüber der Mündung des Main am l. Rheinufer, mit Castel auf der r. Seite sehr starke Bundesfestung; über den Strom führen 2 stehende Brücken. Der Dom ist berühmt, der Handel ist sehr bedeutend. Worms, ebenfalls am Rheine, war einst eine der berühmtesten deutschen Reichsstädte, hat viel von seiner früheren Größe verloren. Im kleinen Weinbau treibenden Ingelheim befinden sich noch die Trümmer einer Burg Karls des Gr.; bei Bingen bricht sich der Rhein sein Bett durch die Quarzit-Felsen zwischen Soonwald und Taunus hindurch. Gießen, die Hauptstadt von Oberhessen, liegt an dem Knie der Lahn und ist Sitz einer Universität.

Das Großherzogtum Baden zieht sich langgestreckt vom Main an dem Rheine entlang bis zu dessen Oberlauf und bis zum Bodensee. Es wird begrenzt von der Schweiz, Elsaß, der bayrischen Rheinpfalz, Hessen, Unterfranken, Württemberg und den Hohenzollerschen Landen; der Rhein scheidet es von den drei erstgenannten Ländern. Es umfaßt den größten Teil des Schwarzwaldes, das Neckarbergland und die zwischen diesen Gebirgen und dem Rhein gelegene Oberrheinische Tiefebene. Der höchste Punkt ist der Feldberg (1494 m). Der Großherzog aus dem Hause Zähringen ist Friedrich. Eingeteilt wird das Land in die 4 Bezirke: Karlsruhe, Mannheim, Freiburg und Konstanz. — Karlsruhe, Haupt- und Residenzstadt, fächerförmig gebaut, liegt in der Rheinebene dicht am Haardtwald, hat ein bedeutendes Polytechnikum. Rastatt, an der Murg, ist Bundesfestung. Baden-Baden ist der bedeutendste Badeort im Schwarzwald, der jährlich von Tausenden aus allen Völkern aufgesucht wird. Auf der Ostseite des Schwarzwaldes an der Enz liegt Pforzheim, der bedeutendste Fabrikort des Landes. Mannheim, am Zusammenfluß des Neckar und des Rheines, ist eine der wichtigsten Handelsstädte ganz Süddeutschlands. Heidelberg, am Austritt des Neckar aus dem Gebirge herrlich gelegen, hat eine berühmte Universität; auf der Höhe befinden sich die großartigen Trümmer des alten kurfürstlichen Schlosses, welches von den französischen Mordbrennern zerstört wurde. Die zweite Universität des Landes ist in Freiburg im Breisgau, am Austritt der Dreysam in die Ebene herrlich gelegen, mit prächtigem Münster. Das Dreysamthal wird wegen seiner düsteren, engen Schluchten auch Höllenthal genannt. Das geschichtlich berühmte Konstanz ist die einzige deutsche Stadt südlich des Oberrheines und liegt am Bodensee, wo sich aus diesem der Rhein zum Unteren See wendet.

Die Reichslande Elsaß-Lothringen wurden durch den großen Krieg 1870/71, der uns von den Franzosen übermütig erklärt wurde, wieder zurückerobert, nachdem diese in früheren Jahrhunderten das Land dem Deutschen Reiche zur Zeit seiner Zerrissenheit genommen hatten. Es wird durch einen Statthalter, an Stelle des Kaisers, regiert. Es grenzt an Frankreich, Luxemburg, die Rheinprovinz und Rheinpfalz, Baden und die Schweiz und umfaßt die Oberrheinische

Ebene l. des Rheines, die deutschen Vogesen und das Lothringische Hügelland; außer dem Rhein sind Ill, Saar und Mosel die Flüsse des Landes. Eingeteilt wird es in die Regierungsbezirke Ober-Elsaß, Nieder-Elsaß und Lothringen. — In dem ersteren ist, neben dem schön in der Ebene gelegenen Hauptorte, Kolmar, namentlich Mülhausen am Ill, eine der bedeutendsten Fabrikstädte des ganzen Reiches, zu erwähnen. Straßburg, sehr starke Festung an der Ill, nahe dem Rhein, war in früheren Zeiten berühmte freie Reichsstadt, lange Zeit hindurch Sitz deutscher Bildung und Wissenschaft, ist jetzt Hauptstadt der Reichslande, Sitz der Behörden und einer Universität; das Münster ist ein Meisterwerk deutscher Baukunst. Aus dem Kriege von 1870 sind bekannt die Orte: Weißenburg, dicht an der Grenze, und Wörth. Metz, einst auch mächtige freie Reichsstadt, jetzt Bezirkshauptstadt an der Mosel in fruchtbarem, schönem Thale, ist mit ihren Außenwerken eine der stärksten Festungen der Welt; der herrliche Dom ist wieder neu hergestellt. In der Umgegend, in welcher sehr bedeutender Obst-, Wein- und Gemüsebau getrieben wird, liegen die Orte, bei denen im Jahre 1870 die schweren Kämpfe stattfanden, in denen die Deutschen die französischen Heere gänzlich niederwarfen (Gravelotte, St. Privat, Mars la Tour).

---

Die Hochfläche südlich der Donau in Württemberg senkt sich flach zum Bodensee ab, sie ist fruchtbarer als die östliche Fortsetzung, nam. gegen Süden wird treffliche Obstzucht getrieben und in einzelnen Orten hat sich eine blühende Industrie (feine Webereien) entwickelt. Die rauhe Alb ist auf ihrer Hochfläche kahl, war wegen ihres Wassermangels weder für Ackerbau noch Viehzucht geeignet. Die großen von der Regierung hergestellten Wasseranlagen haben eine gewaltige Aenderung herbeigeführt und den Wohlstand des Landes gehoben. Die Thalhänge des Gebirges sind von prächtigen Buchenwäldern geschmückt. Das Hügelland und die Thäler des Neckar und seiner Nebenflüsse bringen außerordentlich viel Obst und Wein hervor; neben den Körnerfrüchten werden trefflicher Hopfen, Hanf und Flachs gewonnen. Von den Bodenschätzen hat nur das Salz größere Wichtigkeit; die Industrie ist sehr mannigfaltig und fast über das ganze Land verbreitet. Der katholische Bischof hat seinen Sitz in Rottenburg.

Auch das Großherzogtum Hessen hat keine großen Bodenschätze, dabei ist der Vogelsberg in Oberhessen rauh und vielfach kahl, während der Odenwald und der Donnersberg von herrlichen Waldungen geschmückt sind. Die Ebenen sind dagegen sehr fruchtbar, bringen reiche Frucht, selbst die sandigen Strecken in dem Winkel zwischen Rhein und Main sind durch Bearbeitung zu reichem Gartenland umgewandelt. Berühmt durch Schönheit und Fruchtbarkeit ist die Bergstraße, welche dem Odenwalde gegen Westen vorgelagert ist. Wein und Obst (auch Kastanien, Nüsse u. s. f.) werden in großen Massen gezogen. Der

Mittelpunkt des Handels ist Mainz, die Industrie ist in Offenbach und Darmstadt in hoher Blüte. Mainz ist auch Sitz eines kath. Bischofs.

Baden und Elsaß haben dieselben physikalischen Verhältnisse und bilden in dieser Beziehung eine geographische Einheit. Die Ebene, welche der Rhein in häufig sich änderndem Bette unter Bildung zahlreicher Inseln durcheilt, ist sehr fruchtbar; Tabak, Hanf, Hopfen, Zuckerrüben werden viel angebaut, Obst und Wein werden in Menge erzeugt, die Berge bringen große Massen von Holz, das einen Haupthandelsartikel bildet. Salz, Eisen, etwas Graphit und Marmor werden bergmännisch gewonnen, aus dem Rheinsand wird etwas Gold gewaschen. Die Bewohner treiben neben Acker- und Waldbau ausgedehnte Viehzucht, lebhaften Handel und sehr bedeutende Industrie. Berühmt nam. sind die Holzschnitzwaren und die Uhren des Schwarzwaldes, die feinen Baumwollwaren von Mülhausen. In Lothringen werden Salz, große Mengen von Eisen und einige Kohlen gewonnen.

## § 29.

## Die mitteldeutschen Staaten.

Das Königreich Sachsen bildet ein Dreieck und wird im N. von den preußischen Provinzen Sachsen und Schlesien, im SO. von Oesterreich (Böhmen) und im W. von Bayern und den Thüringischen Staaten begrenzt. Das Erz-, Elbsandstein- und Lausitzer Gebirge bilden die südliche Grenze, sie flachen sich gegen N. allmählich in die fruchtbare sächsische Ebene ab, während namentlich das Erzgebirge nach S. steil abfällt. Die Elbe und ihre Neben- bez. Zuflüsse Elster, Pleisse, Mulde, Spree durchströmen das Land. Der höchste Punkt des Reiches ist der Fichtelberg (1213 m nahe dem Keilberg, der auf österreichischem Gebiet liegt) An der Spitze des Landes steht der König Albert aus dem Hause Wettin (Albertinische Linie). Eingeteilt wird das Land in die vier Kreishauptmannschaften: Dresden, Leipzig, Zwickau, Bautzen. — Die Hauptstadt Dresden auf beiden Seiten der Elbe, (290 000 Ew.) ist gleich berühmt durch ihre bezaubernd schöne Lage nahe dem Austritt der Elbe aus dem formenreichen Sandsteingebirge, wie durch ihre reichen Kunstsammlungen; in neuerer Zeit haben sich auch die Gewerbe und der Handel sehr stark entwickelt. Dresden hat auch ein Polytechnikum. Den Strom abwärts liegt auf dem l. Ufer Meissen, bekannt durch die älteste, noch heute hochbedeutende Porzellanfabrik Europas. Im Dome befinden sich zahlreiche Gräber sächsischer Fürsten. Freiberg bildet den Mittelpunkt lebhaften Bergbaues und ist Sitz einer Bergakademie. In der sächsischen Schweiz sind Pirna und die kleine Felsenfestung Königstein zu erwähnen. Leipzig (357 000 Ew.) in fruchtbarer Ebene an Elster, Pleisse und Parthe (zur Saale sich wendend) gelegen, ist die drittgrößte Stadt Deutschlands und die bedeutendste

Handelsstadt des Binnenlandes. Es ist der Mittelpunkt des deutschen Buchhandels, seine Messen haben nam. noch für Tuch, Pelze, Leinen u. a. m. hohe Wichtigkeit. Die Universität ist eine der größten des deutschen Reiches. Das Reichsgericht hat hier seinen Sitz. Die Städte des Bezirkes haben alle eine hochentwickelte Industrie, ebenso wie in dem Bezirke Zwickau, dessen Hauptort, an der Mulde, noch viele alte Gebäude besitzt. Chemnitz (140000 Ew.) ist eine neue, rasch aufgeblühte Stadt, regelmäßig gebaut, eine der ersten Fabrikstädte Deutschlands. Bautzen, im O. an der oberen Spree, ist der Hauptort der Wenden.

Das Land westlich des Königreichs Sachsen, von der Preußischen Provinz Sachsen im N., Hessen-Nassau im W. und Bayern im S. umschlossen, faßt man unter dem Namen Thüringen zusammen. Von SO. nach NW. zieht hindurch der herrliche Thüringerwald, dem sich gegen N. das an Naturschönheiten so reiche Thüringer Hügelland vorlagert, während die kahle Rhön mit ihren nördl. Höhenzügen im W. und die Fränkische Terrasse von S. her in das Land eindringen. Die Werra und die Saale mit ihren Zuflüssen durchströmen es. Außer den unten betrachteten Staaten liegen hier die Preuß. Kreise Schmalkalden (Regbez. Kassel), Schleusingen und Ziegenrück (Erfurt).

Das Großherzogtum Sachsen-Weimar-Eisenach (Großherzog Karl Alexander) besteht (außer mehreren kleineren Bezirken in den umliegenden Ländern) aus drei von einander getrennt liegenden Kreisen, in deren mittlerem die Hauptstadt Weimar an der Ilm gelegen ist; die Stadt war lange der Mittelpunkt der geistigen Bewegung Deutschlands. Im östl. Kreise liegt die Universitätsstadt Jena, im westl. Eisenach am Fuße der herrlichen Wartburg, die bekannt ist durch ihre großen geschichtlichen Erinnerungen.

Das Herzogtum Sachsen-Meiningen ist der am wenigsten zerteilte Staat Thüringens; er zieht sich fast halbkreisförmig von der oberen Werra über den Thüringer Wald zur Saale. Der regierende Fürst ist Georg II. Die Hauptstadt des Landes Meiningen liegt in dem schönen breiten Wiesenthale der Werra am Fuße des Gebirges, ist nach dem großen Brande 1874 wieder schön auferbaut. Die frühere Residenz war Hildburghausen.

Das Herzogtum Sachsen-Koburg-Gotha besteht aus zwei räumlich und in der Verwaltung getrennten Teilen mit einem gemeinsamen Fürsten (Herzog Alfred). Im südlichen Bezirke liegt die Residenzstadt Koburg, auf steilem Berge darüber die gleichnamige Veste, im nördlichen das reiche Gotha mit bedeutenden Sammlungen und schönem Schlosse.

Auch das Herzogtum Sachsen-Altenburg besteht aus zwei getrennten Parzellen — der Fürst ist Herzog Ernst —; die Bewohner sind germanisierte Slaven, welche noch ihre besondere Tracht bewahrt haben. Die Hauptstadt Altenburg, nahe der Pleisse, ist ein sehr gewerbthätiger Ort.

Die beiden Fürstentümer Schwarzburg=Rudolstadt (Fürst Günther) und =Sondershausen (Fürst Karl) bestehen außer mehreren kleinen zerstreut liegenden Landesteilen, aus je einer Ober= und einer Unterherrschaft, ersteres an der Saale, letzteres als Enklave im preuß. Regierungsbezirk Erfurt gelegen. Rudolstadt an der Saale bildet einen Glanzpunkt von ganz Thüringen. In der Unterherrschaft liegt nahe bei Frankenhausen der sagenumwobene Kyffhäuser. Sondershausen liegt ebenfalls in der Unterherrschaft.

Die beiden Fürstentümer Reuß=Greiz (Fürst Heinrich XXII) und Reuß=Schleiz (Fürst Heinrich XIV) bilden den südöstlichen Teil von Thüringen und sind durch ihre blühende Industrie bekannt. Außer den beiden Hauptstädten ist der Fabrikort Gera zu erwähnen.

Das Herzogtum Anhalt liegt an der mittleren Elbe, die hier die Mulde aufnimmt, in einer fruchtbaren Ebene, umschlossen von der Preuß. Provinz Sachsen; der Kreis Ballenstedt liegt westlich am Harz und grenzt an Braunschweig. Dessau, die Hauptstadt, an der Mulde l. und r., oberhalb deren Mündung, hat berühmte Anlagen. Die Industriestadt Leopoldshall ist mit dem Preuß. Staßfurt in eine Stadt verwachsen.

Zwischen den Provinzen Westfalen und Hessen=Nassau an der Eder und Diemel liegt das Fürstentum Waldeck (Fürst Friedrich), ein reines Gebirgsland, wenig fruchtbar. Die Hauptstadt ist Arolsen. Zu dem Lande gehört Pyrmont mit einem berühmten Bade, westlich der mittleren Weser in dem Wesergebirge.

---

Das Königreich Sachsen ist das dicht bevölkertste Land Deutschlands, was schon darauf hindeutet, daß es reich sein muß. Die Ebene, nam. im Bezirk Leipzig, ist außerordentlich fruchtbar, neben Getreide werden auch Tabak und Zuckerrüben vielfach angebaut. Der Waldbau befindet sich in musterhaftem Zustand, dagegen steht außer der Schafzucht im allgemeinen die Viehzucht nicht so hoch, wie in andern Teilen Deutschlands. — An Mineralien werden Steinkohlen, Braunkohlen, Eisen (wenig), Silber und Gold, Zinn gewonnen. Das Wichtigste für das Land aber ist die Industrie, welche über das ganze Land ausgebreitet ist und jede Art von Gewerbthätigkeit umfaßt; die sächsische Arbeiterbevölkerung beträgt nahezu 10% derjenigen ganz Deutschlands. Obenan stehen die Baumwoll= und Woll=Spinnereien und Webereien, die Papierfabrikation, der Maschinenbau u. s. f. Leipzig ist für den Buchhandel die erste Stadt Deutschlands, sein Handel, durch die großen Messen begründet, erstreckt sich über einen großen Teil der Welt.

Die Thüringischen Länder, berühmt durch ihre Naturschönheiten und die Biederkeit ihrer Bewohner, sind fruchtbar, bringen viel Obst und Getreide, der Boden birgt Eisen, Braunstein, Kupfer, Silber, Porzellanerde, auch Kohlen. Ziemlich groß ist die Zahl der Salz=

quellen. Das Gebirge hat ausgedehnte herrliche Wälder (nam. schöne Edelfichten). Die Gewerbthätigkeit ist außerordentlich groß und ist über das ganze Land ausgebreitet; Kleineisenindustrie im Kreise Schmalkalden, Meerschaumarbeiten in Ruhla, Strumpfwirkereien, Webereien und Spinnereien in Altenburg, Gera, Apolda u. s. f.

Der Boden des Herzogtums Anhalt ist fettes höchst fruchtbares Land; der Reichtum des kleinen Reiches beruht außerdem auf den reichen Salzlagern bei Leopoldshall. Waldeck ist ein armes Bergland.

## § 30.

## Die norddeutschen Staaten.

Das Herzogtum Braunschweig besteht aus drei größeren und einer Anzahl kleinerer Teile, alle fast ausschließlich von Preußen umschlossen; der größte, nordöstliche Teil liegt zwischen den Provinzen Sachsen und Hannover, in der Ebene, durchflossen von Aller und Ocker; der zweite erstreckt sich als schmaler Landstrich von der Weser bis an den Fuß des Brockens im Harz; an dem Südostabhange des Gebirges liegt der dritte Teil; diese beiden letzteren sind gebirgig (Wormberg 971 m). Das Land ist eines der reichsten Deutschlands infolge seiner Fruchtbarkeit und des Fleißes seiner Bewohner. — Regent ist nach dem Aussterben der herzoglichen Familie Prinz Albrecht von Preußen. — Die Hauptstadt Braunschweig an der Ocker (101 000 Ew.), eine alte Stadt mit zahlreichen alten Bauten, zeichnet sich durch den Gewerbefleiß der Bewohner und die berühmte Gemüsezucht aus. Einst war es Vorort der Verbindung „Hansa" deutscher Handelsstädte. Es befindet sich hier ein Polytechnikum. In Helmstädt war früher eine berühmte Universität, welche 1809 aufgehoben wurde. An der Weser r. U. liegt die lebhafte Handelsstadt Holzminden.

Das Fürstentum Lippe-Detmold liegt l. der Weser im Wesergebirge und Teutoburger Wald zwischen den Provinzen Westfalen, Hannover, dem Kreis Rinteln und der Grafschaft Pyrmont. Die Höhen (Grotenburg 388 m mit dem Hermannsdenkmal) sind mit Eichen und Buchen bedeckt, die Thäler sind fruchtbar. (Fürst Woldemar.) Die Hauptstadt ist Detmold.

Das Fürstentum Schaumburg-Lippe, nördl. des vorigen auf dem r. U. der Weser, auf den Nordabhängen der Weserkette und in der Ebene gelegen, wird vom Kreis Rinteln und den Regierungsbezirken Hannover und Minden umschlossen. (Fürst Georg.) Residenz ist Bückeburg.

Das Großherzogtum Oldenburg besteht aus drei weit voneinander liegenden Teilen: 1) dem eigentlichen Großherzogtum Oldenburg, von der Provinz Hannover, der Freien Stadt Bremen und der Nordsee umschlossen, reines Flachland, von der Hunte, Weser und Haase durchströmt; 2) dem Fürstentum Lübeck, an der Neustädter Bucht (Ostsee) gelegen und umschlossen von Holstein und dem Gebiet der freien Stadt Lübeck, ebenfalls flaches Land mit zahlreichen Seeen; 3) dem Fürstentum Birkenfeld an der Nahe, vom Hoch- und Idarwald durchzogen, auf allen Seiten von der Rheinprovinz umschlossen. (Großherzog Peter.) Die Hauptstadt Oldenburg, an der Hunte, inmitten reichen Marschlandes, ist hübsch gebaut. Im Fürstentum Lübeck ist Eutin am gleichnamigen See der Hauptort.

Die freie Stadt Bremen bildet mit den beiden andern freien Städten Hamburg und Lübeck den Rest der einst so mächtigen Hansa, welche als Bund deutscher Städte die Meere (nam. die Ostsee) beherrschte, überall Handelsniederlassungen gründete und deutsche Sitte weithin verbreitete. Das Gebiet von Bremen liegt an der unteren Weser, umschlossen von Oldenburg und der Provinz Hannover. Die Stadt Bremen (126 000 Ew.) liegt auf beiden Seiten des Stromes, sie ist neben Hamburg der wichtigste Hafen- und Handelsplatz Deutschlands, nam. wichtig ist der Verkehr mit allen Teilen von Amerika und Ostindien. Berühmt ist das Rathaus und das Rolandsdenkmal vor demselben. Die großen Seeschiffe, darunter auch die deutschen Reichspostdampfer, können nicht den Strom hinauf bis Bremen und legen daher in Bremerhaven, an der Mündung der Weser, an.

Das Gebiet der freien Stadt Hamburg besteht aus einer größeren Zahl von Teilen, welche alle von den Provinzen Schleswig-Holstein und Hannover umschlossen werden; einzelne Bezirke des Landes, so nam. an der Elbe oberhalb der Stadt, sind durch ihre außerordentliche Fruchtbarkeit bekannt. Die Stadt Hamburg (570 000 Ew.) liegt sehr günstig an der Elbe r. U., auf welcher die größten Seeschiffe bis in die großartigen Hafenanlagen (teilweise Freihafen) in der Stadt gelangen. Letztere wird durch zahlreiche prächtige Gebäude geschmückt, sie ist eine der bedeutendsten Handelsstädte der ganzen Welt, die bedeutendste Deutschlands, ihre Schiffe durchschneiden alle Meere und vermitteln den Handel mit den fernsten Ländern. Mit ihr ist verwachsen Altona, gegenüber auf dem l. Ufer liegt Harburg. An der Elbmündung inmitten öden Sandlandes liegt Cuxhafen.

Das Gebiet von Lübeck, der dritten freien Reichsstadt, liegt zwischen Mecklenburg, Holstein und dem oldenburgischen Fürstentum Lübeck. Die Stadt, an der Trave gelegen, die bis hierher durch Kanalisation schiffbar ist, hat sich das Ansehen einer mittelalterlichen Stadt vollständig bewahrt, die Kirchen, Mauern, Thore, die engen Straßen mit den Giebelhäusern tragen noch das alte Gepräge. Fischerei und Handel nach den Ostseeländern bilden die Hauptbeschäftigung der Bewohner. Der Hafenort Travemünde liegt an der Ostsee.

Die beiden Großherzogtümer Mecklenburg-Schwerin und -Strelitz liegen an der Ostsee zwischen Lübeck, den preußischen

Provinzen Schleswig-Holstein, Hannover, Brandenburg und Pommern. Im S. reicht das Land bis an die Elbe, die hier die Abflüsse zahlreicher Seeen der Mecklenburger Seeenplatte aufnimmt; andere Abflüsse wenden sich in verschiedenen Richtungen zum Meere, zur Havel u. s. f.; die meisten dieser Gewässer stehen durch natürliche Wasserläufe oder Kanäle untereinander in Verbindung. Pferde- und Schafzucht sind hier überall bedeutend. Vom erstgenannten Lande (Großherzog Friedrich Franz III.) ist die Hauptstadt Schwerin am gleichnamigen See; es besitzt ein prächtiges Schloß und schöne Parkanlagen. Die Sommerresidenz ist Ludwigslust. Die Universität des Landes befindet sich in der lebhaften Handelsstadt Rostock an der Warnow, nahe der Mündung. Wismar besitzt den besten Hafen an der Ostsee. — Mecklenburg-Strelitz wird von zwei Teilen gebildet, der größere im Südosten von Mecklenburg-Schwerin, der kleinere im Nordwesten davon, (zwischen Lübeck und M.-Schwerin) gelegen; die Hauptstadt ist Neu-Strelitz am Zierker See (Quellgebiet der Havel) sternförmig gebaut; den getrennten westl. Teil bildet das Fürstentum Ratzeburg.

---

Die drei Großherzogtümer Norddeutschlands sind wesentlich auf den Ackerbau und die Viehzucht angewiesen; nam. letztere befindet sich allerwärts in blühendem Zustande, die Pferde und das Fettvieh sind bekannt und werden gesucht. Einzelne Orte, wie Nordenham, Wismar, Rostock haben einen mehr oder weniger lebhaften Handel; auch der Fischfang hat Bedeutung. Die drei Hansastädte sind seit dem Mittelalter bereits Welthandelsstädte und haben diese Stellung seit jener Zeit behauptet. Dabei sind Bremen und Hamburg jetzt Industriestädte ersten Ranges, während Lübeck infolge seiner weniger glücklichen Lage sich nicht in gleich rascher Weise entwickeln konnte; der Haupthandel Lübecks (Holz, Eisen, Getreide u. s. f.) besteht naturgemäß mit den Ländern an der Ostsee. Nach Bremen können die großen Oceanfahrer nicht gelangen, sie löschen daher in Bremerhaven. Die deutschen Postdampfschiffe gehen von letzterem Orte aus nach Amerika, Afrika, Australien und Asien. Der Haupthandel richtet sich nach Nordamerika. Hamburg, sehr glücklich am innern Ende des Mündungstrichters der Elbe gelegen, bis wohin täglich zweimal Ebbe und Flut vom Ocean herauf kommen, ist der größte Seehandelsplatz des Festlandes Europa. Der Hafen hat großartige Bassins und Docks, in welche die größten Dampfschiffe einfahren können. Der Handel dehnt sich über die ganze bewohnte Welt aus, und seit mit der Gründung des deutschen Reiches die deutsche Flagge überall den nötigeu Schutz gefunden hat, entwickelt sich der Handel in ganz ungeahnter Weise.

---

§ 31.

## Statistische Uebersicht.

### a) Die deutschen Staaten.

| Staat | Größe in qkm | Zahl der Einwohner | Dichte der Bevölk. |
|---|---|---|---|
| Deutsches Reich . . . . . . | 540 504 | 49 500 000 | 91 |
| 1. Königreich Preußen . . . . | 348 458 | 30 000 000 | 86 |
| 2. „ Bayern . . . . . | 78 865 | 5 600 000 | 73 |
| 3. „ Württemberg . . . | 19 504 | 2 000 000 | 104 |
| 4. „ Sachsen . . . . . | 14 993 | 3 500 000 | 234 |
| 5. Großherzogtum Baden . . . | 15 081 | 1 700 000 | 110 |
| 6. „ Mecklenburg-Schwerin | 11 162 | 600 000 | 52 |
| 7. „ Hessen . . . . . . | 7 682 | 1 000 000 | 129 |
| 8. „ Oldenburg . . . . | 6 424 | 355 000 | 55 |
| 9. „ Sachsen-Weimar . . | 3 595 | 326 000 | 91 |
| 10. „ Mecklenburg-Strelitz . | 2 929 | 98 000 | 33 |
| 11. Herzogtum Braunschweig . . . | 3 672 | 404 000 | 110 |
| 12. „ Sachsen-Meiningen . | 2 468 | 294 000 | 91 |
| 13. „ Anhalt . . . . . . | 2 294 | 272 000 | 119 |
| 14. „ Sachsen-Koburg-Gotha | 1 597 | 207 000 | 106 |
| 15. „ Sachsen-Altenburg . | 1 324 | 171 000 | 129 |
| 16. Fürstentum Lippe . . . . . | 1 215 | 128 000 | 106 |
| 17. „ Waldeck . . . . | 1 121 | 57 000 | 51 |
| 18. „ Schwarzburg-Rudolstadt | 941 | 86 000 | 92 |
| 19. „ „ -Sondershausen | 862 | 76 000 | 88 |
| 20. „ Reuß jüngere Linie . | 826 | 120 000 | 145 |
| 21. „ Schaumburg-Lippe . | 340 | 39 000 | 115 |
| 22. „ Reuß ältere Linie . | 316 | 63 000 | 198 |
| 23. Freie Stadt Hamburg . . . . | 414 | 623 000 | 1504 |
| 24. „ „ Lübeck . . . . . | 298 | 76 000 | 256 |
| 25. „ „ Bremen . . . . | 256 | 181 000 | 705 |
| 26. Reichslande . . . . . . . . | 14 509 | 1 604 000 | 111 |

b) Die Preußischen Provinzen.

| Provinz | Größe in qkm | Einwohner-zahl | Dichte der Bevölk. |
|---|---|---|---|
| Stadtkreis Berlin | 63 | 1 579 000 | 25 076 |
| Brandenburg | 39 836 | 2 542 000 | 64 |
| Pommern | 30 111 | 1 521 000 | 51 |
| Westpreußen | 25 516 | 1 434 000 | 56 |
| Ostpreußen | 36 987 | 1 957 000 | 53 |
| Posen | 28 962 | 1 752 000 | 60 |
| Schlesien | 40 307 | 4 224 000 | 105 |
| Sachsen | 25 243 | 2 580 000 | 102 |
| Schleswig-Holstein | 18 903 | 1 220 000 | 65 |
| Hannover | 38 474 | 2 278 000 | 59 |
| Westfalen | 20 206 | 2 429 000 | 120 |
| Hessen-Nassau | 15 693 | 1 664 000 | 106 |
| Rheinprovinz | 26 992 | 4 710 000 | 175 |
| Hohenzollern | 1 142 | 66 083 | 58 |

c) Die Bayrischen Regierungs-Bezirke.

| Regierungs-Bezirk | Größe in qkm | Einwohner-zahl | Dichte der Bevölk. |
|---|---|---|---|
| Oberbayern | 16 725 | 1 103 000 | 66 |
| Niederbayern | 10 757 | 665 000 | 62 |
| Oberpfalz | 9 662 | 538 000 | 56 |
| Schwaben | 9 819 | 668 000 | 68 |
| Oberfranken | 6 999 | 573 000 | 82 |
| Mittelfranken | 7 574 | 700 606 | 92 |
| Unterfranken | 8 401 | 618 000 | 74 |
| Pfalz | 5 928 | 728 000 | 123 |

### d) Die übrigen deutschen Staaten.

| Landesteile | Größe in qkm | Einwohnerzahl | Dichte der Bevölk. |
|---|---|---|---|
| **Königreich Sachsen:** | | | |
| Kreishauptmannschaft Bautzen . . . | 2470 | 371 000 | 150 |
| " Dresden . . . | 4337 | 951 000 | 219 |
| " Leipzig . . . | 3567 | 871 000 | 243 |
| " Zwickau . . . | 4619 | 1 310 000 | 284 |
| **Königreich Württemberg:** | | | |
| Neckarkreis . . . . . . . . . . | 3327 | 665 000 | 200 |
| Schwarzwaldkreis . . . . . . | 4773 | 481 000 | 101 |
| Jagstkreis . . . . . . . . . . | 5139 | 403 000 | 78 |
| Donaukreis . . . . . . . . . | 6265 | 487 000 | 78 |
| **Großherzogtum Baden:** | | | |
| Bezirk Konstanz . . . . . . . . | 4169 | 282 000 | 68 |
| " Freiburg . . . . . . . . | 4740 | 470 000 | 99 |
| " Karlsruhe . . . . . . . . | 2572 | 445 000 | 173 |
| " Mannheim . . . . . . . | 3600 | 461 000 | 128 |
| **Großherzogtum Hessen:** | | | |
| Provinz Starkenburg . . . . . . | 3019 | 420 000 | 139 |
| " Rheinhessen . . . . . . | 1375 | 307 000 | 224 |
| " Oberhessen . . . . . . . | 3288 | 266 000 | 81 |

### Städte mit mehr als 100 000 Einwohnern.

| Städte | Zahl der Einwohner | Städte | Zahl der Einwohner |
|---|---|---|---|
| Berlin . . . . . . . . | 1 579 000 | Stuttgart . . . . . . | 140 000 |
| Hamburg . . . . . . . | 569 000 | Chemnitz . . . . . . | 139 000 |
| Leipzig . . . . . . . . | 357 000 | Elberfeld . . . . . . | 126 000 |
| München . . . . . . . | 351 000 | Bremen . . . . . . . | 126 000 |
| Breslau . . . . . . . | 335 000 | Straßburg . . . . . | 124 000 |
| Dresden . . . . . . . | 290 000 | Danzig . . . . . . . | 120 000 |
| Köln . . . . . . . . . | 282 000 | Stettin . . . . . . . | 116 000 |
| Magdeburg . . . . . . | 202 000 | Barmen . . . . . . . | 116 000 |
| Frankfurt a M. . . . | 180 000 | Krefeld . . . . . . . | 105 000 |
| Hannover . . . . . . | 164 000 | Aachen . . . . . . . | 103 000 |
| Königsberg . . . . . . | 162 000 | Halle . . . . . . . . | 101 000 |
| Düsseldorf . . . . . . | 145 000 | Braunschweig . . . . | 101 000 |
| Altona . . . . . . . . | 143 000 | Dortmund . . . . . . | 100 000 |
| Nürnberg . . . . . . . | 143 000 | | |

§ 32.

## Kulturelle und sociale Entwicklung.

Die geistige Entwicklung eines Volkes hängt von vielen Umständen ab, die teilweise völlig äußerer Natur, teilweise aber auch von der eigenartigen geistigen Anlage des Volkes abhängig sind. Zu den ersteren gehören nam. das Klima und der natürliche Reichtum eines Landes. Die heißblütige Erregbarkeit südlicher Völker (Italiener, Spanier, Araber u. a. m.), bei denen vielfach auch das Christentum die Blutrache nicht zu beseitigen vermochte, die behäbige Ruhe der Holländer, die stets hastende Beweglichkeit der Yankees zeigen den Einfluß des Klimas. Die Verweichlichung von Völkern, welche in überreichen Ländern wohnen, zeigte schon das alte Kampanien, beweist Indien, während in Australien sich die Ureinwohner zu keiner geistigen Entwicklung emporschwingen konnten, weil ihnen kein zum Haustier taugliches Geschöpf, keine zum Anbau geeignete Pflanze von der Natur geboten war; sie konnten keine Viehzüchter oder Ackerbauer werden, während die in den Polarländern wohnenden Eskimos am Renntier und am Hund ausgezeichnete Haustiere fanden und sich in dem klimatisch ungünstigeren Lande zu einer bedeutend höheren Kultur emporschwangen als die Australier.

Deutschland ist von Natur nicht sehr reich; der Boden birgt außer Salz, Kohlen und Eisen verhältnismäßig nur wenig Schätze, das Klima ist nicht überall und stets günstig, wenn auch der Einfluß des warmen Seewindes sich fast im ganzen Reiche noch bemerkbar macht und nur einzelne Bezirke (Posen, Schlesien, Ost- und Westpreußen) ein kontinentales Klima aufweisen. Durch diese Umstände ist der Deutsche auf nachhaltige Arbeit hingewiesen; nur der anhaltende Fleiß, die zielbewußte Arbeit konnte das deutsche Land zu der hohen Blüte bringen, in der sich die materielle und die geistige Kultur des deutschen Volkes befinden; es ist das große Verdienst der Fürsten aus dem Hause der Hohenzollern, jederzeit die Bedürfnisse richtig erkannt, die nötigen Schritte gethan, das Volk angeleitet zu haben, um die Kräfte desselben in rechter Weise zu entfesseln und dadurch die Größe des Vaterlandes, die geistige und materielle Kultur des Volkes zu fördern

Die Grundlage für jeden durch eigene Kraft aus sich heraus sich bildenden Staat ist der Ackerbau und die damit verbundene Viehzucht. Dank der unablässigen Bemühungen sind weite, früher völlig unfruchtbare Strecken Landes in teils reiche Acker- und Gartenländereien, oder in Wald umgewandelt worden; so namentlich in Gebirgsgegenden, in den Mooren, an den Küsten, in der Lüneburger Haide, im mageren Sande der Mark (Potsdam) und Niederlausitz. Die Produkte der Landwirtschaft sind bereits bei den einzelnen Provinzen genannt worden. Daneben hat sich, angeregt und unterstützt von weisen Fürsten, seit Friedrich Wilhelm dem großen Kurfürsten eine lebhafte Gewerbthätigkeit und ein ausgedehnter Handel entwickelt, der Millionen fleißiger Arbeiter ein sicheres Brot verschafft. Von diesen wird im nächsten Abschnitt die Rede sein.

Die Familie bildet für die staatliche Ordnung die breite, sichere Grundlage Die Familie und das Heim aber bilden für die Deutschen und für alle germanischen Völker gleichsam das Heiligtum, in dem und für das sie leben; damit verknüpft ist die Heimatsliebe und der Hang zur Natur. Der Idealismus und dessen Stiefschwester, die Melancholie, neben dem Hang zur Gemütlichkeit, zeichnen daher als Grundeigenschaften den geistigen Charakter des Deutschen aus. Wahre innige Frömmigkeit, tiefernste Sittlichkeit, gründlichste Wissenschaftlichkeit, allgemeine Bildung sind in Deutschland zu Hause, in vielen Zweigen des menschlichen Wissens steht Deutschland unübertroffen da; sie bilden die festen Grundlagen der Größe des Reiches. Die Pflichttreue, der Patriotismus, die Aufopferungsfähigkeit für ideelle Zwecke sind in unserer Heimat wohl höher entwickelt, als bei irgend einem Volke.

[1]) Unsere uralte Kultur war durch den 30jährigen Krieg nahezu vernichtet worden, der Handel war zerstört, der Ackerbau lag darnieder, die Mündungen der großen Ströme waren in den Händen der Fremden, Französische Sprache und Sitte waren vielfach an die Stelle der nationalen Bildung getreten.

Es bedurfte der Arbeit von Generationen, um sich von diesem Zustande des Elends zu erheben. An der Hand des absoluten Fürstentums hat sich zuerst in Brandenburg-Preußen das Volk emporgearbeitet. Der Gründer der absoluten Monarchie in Preußen ist der Große Kurfürst. Aus den rheinisch-westfälischen Territorien, der Mark Brandenburg und dem Herzogtum Preußen hat er einen einheitlichen Staat geschaffen, indem er die Macht der Stände brach und seine Souveränität diesen entgegensetzte. Die Grundlagen seiner Monarchie waren das stehende Heer und die von den Ständen unabhängige Steuer „die Accise", d. h. ein Zoll in den Städten. Auch das materielle Wohl seiner Unterthanen hat Friedrich Wilhelm gefördert. Sein Wahlspruch war: „Pro populo et Deo". Er suchte das Land zu heben nicht bloß durch Förderung des Ackerbaues, welcher durch den dreißigjährigen Krieg fast gänzlich vernichtet war, sondern vor allem durch Belebung der Gewerbthätigkeit, Einführung neuer Zweige der Industrie, Herbeiziehung ausländischer Gewerbtreibender; er machte Lippe und Ruhr schiffbar, baute den Friedrich-Wilhelmskanal und entwickelte so den Handel u. s. f.

Dies Werk der Entfaltung der Kräfte des Landes setzte sein Enkel, König Friedrich Wilhelm I., kräftig fort. Er ist der Schöpfer der Verwaltung und des altpreußischen Beamtenstandes, den der König

[1]) Anm. Die folgenden Ausführungen sind im wesentlichen entnommen dem Berichte von Dir. Dr. Asbach (Prüm) in den Verhandlungen der Rhein. Direktoren-Konferenz 1893.

selbst in Pflichttreue, Arbeitsamkeit und Sparsamkeit erzog. Der Adel wurde zur Steuer herangezogen, weite Sumpfgegenden in der Mark wurden durch Entwässerung in fruchtbares Ackerland umgewandelt, Litauen und Preußen durch Ansiedlung von Kolonisten (darunter 20 000 ihres Glaubens wegen vertriebene Salzburger) der Kultur gewonnen; Städte und Dörfer wurden angelegt, die Bauern in den Amtsdörfern von der Hörigkeit befreit, die Bauern auf den Gütern des Adels durch strenge Gesetze vor der Gewaltthätigkeit der Grundherrn geschützt. Daneben wandte der König den Gewerben ein gleiches Interesse zu, die gewerbliche Arbeit wurde durch den Staat organisiert und beaufsichtigt, der Handel durch Verbesserung des Postwesens, Einführung eines einheitlichen Maß-, Münz- und Gewichtssystems gefördert; der allgemeine Schulzwang ist von diesem Könige in Preußen eingeführt und bereits die allgemeine Wehrpflicht im Grundsatze verkündet worden.

Friedrich der Große führte die Bestrebungen seiner Ahnen kräftigst fort. Er faßte die Aufgabe der Fürsten in die Worte zusammen: „Le prince n'est que le premier serviteur de l'Etat“. Diese Gesinnung verpflichtete ihn, weise, rechtschaffen und völlig selbstlos zu handeln, als wenn er in jedem Augenblicke seinen Mitbürgern (citoyens) Rechenschaft von seiner Verwaltung abzulegen hätte. Diesen herrlichen Grundsatz hat er während seiner langen Regierung treu befolgt. Den Kleinbauern suchte er durch Bestimmungen über Jagd und Wildschaden, Verminderung der Frohnden und andere Maßregeln zu schützen, Getreide wurde aus den Kriegsmagazinen zur Saat gegeben, die Anpflanzung der Kartoffel eingeführt; Sümpfe und Bruchländer wurden entwässert, in fruchtbares Land verwandelt, Wildnisse gerodet, Kolonisten angesiedelt (nam. in Westpreußen, Warthe- und Netzebruch, Hinterpommern); neue Gewerbe wurden eingeführt, der Handel durch Einrichtung einer Kgl. Bank gefördert. Vor allem aber ist er der Schöpfer der Rechtseinheit und des unabhängigen Richterstandes. Das preußische Landrecht ist ein Werk seiner Regierung; alle Unterthanen des Staates waren ohne Ansehen der Person gleich vor dem Gesetze, und der König selbst stand unter dem Gesetze.

Unter Friedrich Wilhelm III. wurden die Reformen fortgeführt und in Preußen auf friedlichem Wege diejenigen Verbesserungen geschaffen, welche das Volk in Frankreich unter Strömen von Blut erwarb. Die Verwaltung des Landes wurde so geordnet, wie sie im wesentlichen noch heute ist, die Leibeigenschaft der Bauern gänzlich beseitigt, durch die Städteordnung die Grundlage der Selbstverwaltung gelegt, allen Bürgern wurden gleiche politische Rechte verliehen, und die allgemeine Heerespflicht wurde eingeführt. Während man früher die Ursache des Reichtums eines Volkes zunächst in den Gewerben sah, später den Wohlstand des Volkes nur im Grund und Boden erkannte, wurde nunmehr in der „Arbeit“ die Quelle des Wohlstandes der Völker gefunden. Diese zu erleichtern, den Schwachen zu schützen im Wettkampfe um die Lebensbedürfnisse, war daher von nun die Aufgabe, deren Lösung die preußischen Herrscher sich stellten. Bereits 1811 wurde die Gewerbe- und Handelsfreiheit eingeführt, 1818 wurden die noch zwischen einzelnen Provinzen bestehenden Zölle aufgehoben, und dann wurde durch die Gründung des Zollvereins (1834) eine feste Einigung aller deutschen Staaten (außer Oesterreich) auf wirtschaftlichem Gebiete herbeigeführt.

Nachdem durch Verwendung der Dampfkraft zu jeder Art von Arbeit und durch die Erfindung der verschiedensten Maschinen (wie Spinn-, Webmaschinen u. s. f.) die Gewerbthätigkeit eine ungeahnte Ausdehnung erlangt, der Handel und Verkehr durch Einführung der Dampfschiffahrt auf der See und den Flüssen und durch Eröffnung der Eisenbahnen einen gewaltigen Aufschwung genommen hat, ist auch eine völlige Umänderung der socialen Verhältnisse erfolgt; neben dem sogenannten dritten Stande (Bürger und Bauer), der um die Wende des letzten Jahrhunderts wirtschaftlich frei und politisch gleichberechtigt mit den andern Ständen wurde, hat sich ein neuer Stand, der Arbeiterstand, gebildet, dessen Einfügung in das Staatswesen eine Hauptsorge der Herrscher und der Regierung ist. Und hierin geht wiederum das deutsche Reich an der Spitze der Kulturstaaten. Der wirtschaftliche Aufschwung Deutschlands nach der Gründung der politischen Einheit wurde eingeleitet und gefördert durch Einführung von einheitlichem Maß-, Gewichts- und Münzsystem, Regelung des Bankwesens, Gleichheit des Wechsel-, Handels- und Strafrechtes (wozu bald ein gemeinsames bürgerliches Recht treten wird), Bestimmungen über Markenschutz, Patentwesen, Freizügigkeit u. s. f.

Für die Arbeiter im besonderen wurde gesorgt durch die Kranken-, Unfall- und Invaliditäts-Versicherung, durch die Einführung der Fabrikinspektionen, das sog. Arbeiterschutzgesetz, die Bestimmungen zum Schutze der arbeitenden Frauen und Kinder.

Daß neben Preußen auch in den verschiedenen kleineren deutschen Staaten in gleichem Sinne von weisen Regenten für die Entwicklung der einzelnen Länder gesorgt wurde, sodaß trotz der politischen Zerrissenheit des Reiches doch eine gleichartige wirtschaftliche und geistige Entwicklung stattfand, muß hier hervorgehoben werden.

So steht jetzt Deutschland, unter dem Scepter der Hohenzollern geeint, politisch als das stärkste Reich, als eine Stätte höchster Kulturentwicklung, wo die materiellen Kräfte in Ackerbau, Handel und Gewerbe sich frei entfalten können, wo die geistige Arbeit in höchstem Ansehen steht und für die weitere Fortbildung der Kultur thätig ist, hochgeachtet unter allen Nationen da.

## § 33.

## Handel und Verkehrswege.

Seit der Mitte dieses Jahrhunderts ist wesentlich durch die ungeahnte Umwälzung, die sich in dem gesamten Verkehr und der Produktion von Gütern vollzog, Deutschland ein Industriestaat geworden, der auch in seinen Gewerben mit allen andern Nationen erfolgreich wetteifert. Die Verwendung der Dampfkraft und der Elektricität im Dienste der Menschheit haben die Anschauung von Raum und Zeit stark geändert, den Handel zu einer ganz außerordentlichen Höhe gebracht und die Lebensweise stark geändert. Das Postwesen ist für Deutschland — außer Württemberg und Bayern — gemeinsam; selbst die kleinsten und entlegensten Orte erfreuen sich einer regelmäßigen, pünktlichen Postverbindung für Briefe, Pakete, Geldsendungen und Gelderhebung. Durch den Weltpostverein, dem jetzt alle Kulturstaaten der Erde angehören, ist der Postverkehr für die ganze bewohnte Erde in einheitlicher Weise geregelt. Die deutschen Postdampfer, Schiffe des Norddeutschen Lloyd, gehen von Bremerhaven ab nach Nord-Amerika (New-York), Süd-Amerika (Bahia, Rio de Janeiro, Montevideo und Buenos-Ayres), nach Asien und Australien durch das Mittelmeer (Neapel), durch den Kanal von Suez nach Aden, Colombo (Ceylon), Singapore, Hongkong, Schanghai, Japan, Neu-Guinea, Sydney, Melbourne, Adelaide. Die Dampfschiffe der Hamburg-Amerikanischen Paketfahrt-Aktien-Gesellschaft befördern die Post von Hamburg nach Nord-, Mittel- und nach Südamerika, andere Dampfer fahren von Hamburg durch das Mittelmeer (Neapel) an der Ostküste Afrikas entlang (Zanzibar, Dar-es-Salaam, Tanga), und die Schiffe der Woermann-Linie verbinden Hamburg mit Westafrika.

Durch Telegraphen sind alle größeren Orte, nam. alle Kreisstädte mit einander verbunden, in den größeren Städten sind Telephonnetze ausgebreitet, deren Leitungen sich bereits vielfach auch von einer Stadt zur andern ausdehnen.

Die Verkehrswege sind entweder natürliche oder künstliche; die ersteren werden gebildet durch die schiffbaren Gewässer (Flüsse, Seeen, Meer), die letzteren sind Kanäle, Landstraßen und Eisenbahnen. Das ganze deutsche Reich ist von einem dichten Netze trefflich angelegter und gehaltener Landstraßen durchzogen; namentlich ist dies auch in dem Innern der Gebirge der Fall, wo die Natur des Landes die Anlage von schiffbaren Kanälen und von Eisenbahnen sehr erschwert oder ganz unmöglich macht. Im wesentlichen dienen in jetziger Zeit die Landstraßen nur noch dem örtlichen Verkehr, nam. zur Verbindung der Nebenorte mit den großen Verkehrsadern, welche von den Wasserstraßen und von den Eisenbahnen gebildet werden.

Der Handel dient wesentlich verschiedenen Zwecken: er soll die zum Leben, bez. zu der Gewerbthätigkeit nötigen Erzeugnisse des Landes von den Orten ihrer Gewinnung nach den Gegenden des Verbrauches schaffen (Binnenhandel); sodann hat er die im Lande gar nicht oder nicht in genügender Menge vorkommenden Produkte aus dem Auslande herbeizuschaffen (Einfuhr, Import), und die Erzeugnisse des Gewerbfleißes nach dem Auslande auch fortzuschaffen (Ausfuhr, Export), und endlich vermittelt er den Warenaustausch zwischen zwei Gebieten des Auslandes (Transit-, Durchgangsverkehr).

Die großen Verkehrswege müssen daher die wichtigsten Mittelpunkte der Gewerbthätigkeit und des Handels miteinander verbinden. Wasserstraßen bilden die schiffbaren Ströme, zu denen Rhein (mit Neckar, Main, Lahn, Mosel, Ruhr), Ems, Weser, Elbe (mit Saale, Havel und Spree), Oder (mit Warte und Netze), Weichsel, Pregel, Memel und Donau gehören. Neben denselben stellen eine große Zahl von Kanälen die Verbindung zwischen den einzelnen Strömen, auch mit dem Meere her. Der bedeutendste, für die größten Kriegsschiffe befahrbare wird der noch im Bau begriffene Nord-Ostsee-Kanal, der bei Brunsbüttel an der unteren Elbe (nahe der Mündung) beginnt, in nördlicher Richtung Holstein durchschneidet, dann der Eider und dem Eiderkanal folgt und bei Holtenau in die Kieler Bucht mündet. Ein zweiter gleichwichtiger Kanal soll von Dortmund aus unter Benutzung der Ems das Ruhrkohlengebiet mit dem Meere direkt verbinden. — Zur Zeit Friedrichs III. wurde durch den großen und den kleinen Friedrichsgraben (der Küste des Frischen Haffs entlang) das Mündungsgebiet des Memel (Gilge) mit dem Pregel in Verbindung gebracht. Der Bromberger Kanal, von Friedrich dem Gr. erbaut, führt von der Netze zu der Brahe und dadurch von der Oder zu der Weichsel. — Erstere ist mit dem Elbegebiet verbunden durch den Friedrich-Wilhelms- und durch den Finow-Kanal; jener (erbaut von dem Großen Kurfürsten) geht aus der Spree östlich zur Oder (oberhalb Frankfurt), ersterer (von Friedrich d. Gr. angelegt) von der Havel bei Liebenwalde an Eberswalde vorüber zur kanalisierten Finow und mit dieser zur Oder. Zur kürzeren Verbindung von Berlin mit Magdeburg wurde von Friedrich d. Gr. der Plauesche Kanal gebaut, der aus dem gleichnamigen See (westl. von Brandenburg) zur Elbe führt.

Der Rhein-Marne- und der Rhein-Rhone-Kanal hängen beide durch den Illkanal in der Nähe von Straßburg mit dem Rhein zusammen; ersterer führt durch die Rheinebene (Elsaß) an Mülhausen vorüber über die Hochfläche, das Bindeglied von Jura und Vogesen, hinüber zum Doubs und so zur Rhone. Der Rhein-Marne-Kanal durchquert den Wasgenwald, überschreitet die Saar, Meurthe (Zufluß der oberen Mosel), Mosel und mündet in die Marne. Der Saarkanal, welcher hauptsächlich zur Beförderung der Kohlen nach Frankreich dient, führt von Saarbrücken an wesentlich dem Saarthale nach, um sich mit dem Rhein-Marne-Kanal zu vereinen.

Der bereits von Karl d. Gr. begonnene, von König Ludwig I. von Bayern hergestellte Ludwigskanal führt von der Regnitz bei Bamberg an Nürnberg vorbei über den Fränkischen Jura zur Altmühl bei Kehlheim und verbindet so den Rhein mit der Donau, die Nordsee mit dem Schwarzen Meere; doch ist seine Bedeutung nicht groß.

Die Eisenbahnen, welche im Binnenlande mehr und mehr den Verkehr beherrschen, haben vielfach auf der Erdoberfläche eine gewaltige Aenderung herbeigeführt. So entvölkern sich und verarmen einzelne Bezirke, die früher eine gewerbthätige Bevölkerung hatten, wenn die Eisenbahn den Verkehr nach andern Gegenden zieht. Dies ist nam. in Gebirgsgegenden der Fall, wo die Produkte durch die Beförderung auf den Landstraßen sehr verteuert werden. So ist z. B. die früher blühende Tuchindustrie in der Eifel zugrunde gegangen, weil ihr die Verkehrswege fehlten. Umgekehrt sind in früher öden Gegenden blühende Orte entstanden, wenn durch jene die belebenden Bahnen führen. Ein Beispiel hierfür bietet die Stadt Oberhausen (Regbez. Düsseldorf) dar; früher ödes Heideland, siedelten sich, als die Köln-Mindener Bahn erbaut wurde (mit Abzweigung nach dem Niederrhein und Holland), rasch gewerbfleißige Menschen an, und heute zählt die Stadt bereits über 25000 Einwohner.

Die Bahnen verbinden die Hauptorte des Handels und der Gewerbthätigkeit untereinander; in diese Hauptlinien münden dann die minderwichtigen ein, um jenen von allen Seiten die Waren zuzuführen, oder die Produkte auf das Land zu verbreiten. Die großen Mittelpunkte des Verkehrs sind: 1) die großen Seehandelsplätze Königsberg, Danzig, Stettin, Lübeck, Hamburg und Bremen; 2) die großen Handelsplätze im Innern des Reiches: Berlin, Frankfurt a/O., Breslau, Magdeburg, Leipzig, Köln, Frankfurt a/M., Mannheim, Augsburg, Nürnberg; 3) die Hauptorte und Bezirke bedeutender Industrie: Saarbrücken (Kohlen, Eisen, Glas), Aachen-Düren (Kohlen, Tuch, Glas, Spinnereien, Webereien), M.-Gladbach (Baumwollenwaren), Crefeld (Seide und Sammt), Regbez. Düsseldorf (Färbereien, chem. Produkte, Eisen, Stahl, Tuche u. s. f.), das Ruhrthal — nam. Essen, Bochum, Dortmund — (Eisen, Stahl, Kohlen), Harz (Metallgewinnung), Thüringen und Königreich Sachsen (Webereien, Spinnereien, Maschinenfabriken), Provinz Sachsen (Tuch, Salz, Braunkohlen, Zucker, Spiritus), Lausitz und Riesengebirge (Spinnereien und Webereien), Oberschlesien (Kohlen und Eisen), München, Nürnberg, Stuttgart, Schwäbisch-Hall, Mülhausen i. Els. u. v. a. m.

Für die Rheinprovinz und Südwest-Deutschland sind Antwerpen, für indische Kolonialwaren Rotterdam und Amsterdam die Haupthafenplätze.

Unter den Häfen nimmt Hamburg bei weitem den ersten Rang ein, es ist der bedeutendste Handelshafen des ganzen europäischen Kontinentes, einer der wichtigsten der gesamten Erde und steht mit fast allen Seeländern in unmittelbarer Verbindung. Außer zahlreichen Linien geringerer Bedeutung (nach Kiel, Lübeck, Stettin u. s. f.) gehn von hier die drei Haupteisenbahnen aus: Hamburg—Bremen—Köln—Paris, Hamburg—Kassel—Frankfurt—Basel—Schweiz—Italien, und Hamburg—Berlin. Von Berlin ziehen sich strahlenförmig nach allen Richtungen Eisenbahnen, um das ganze Reich mit der Hauptstadt zu verbinden. Die wichtigsten sich hier schneidenden Bahnen sind die Weltlinien (Cadix—Madrid—Bayonne—Bordeaux—Paris—) Köln—Berlin—Insterburg (—St. Petersburg—Moskau—Astrachan); Hamburg—Berlin—Breslau—Olmütz (—Wien—Triest oder Pesth—Konstantinopel); Stettin—Berlin—Dresden—Wien u. s. w.; Berlin—Leipzig—Hof—München—Innsbruck (Verona—Rom—Brindisi); Berlin—Frankfurt—Basel— (St. Gotthardt—Genua) u. s. f.; im ganzen sind es 11 Linien, die nach Berlin führen. Den Rhein begleiten auf beiden Ufern Eisenbahnen von der holländischen Grenze bis Basel, 9 feste Brücken überspannen den Strom und stellen die Verbindung zwischen den Verkehrsadern her; von Basel führen die Linien durch den St. Gotthard nach Italien (Genua, Rom, Brindisi), bez. Genf—Lyon—Marseille. In Köln münden in die rheinischen Bahnen die Linien von Antwerpen und Belgien. Die Verbindung von London und Paris mit Constantinopel erfolgt über Straßburg—Karlsruhe—Stuttgart—Ulm—München—Salzburg—Wien, und in diese Linie münden Köln—Mainz—Stuttgart und Frankfurt—Ingolstadt—München.

In Köln vereinigen sich 7, in Frankfurt a. M. 8, in München und Leipzig ebenfalls je 8, in Magdeburg 7, Nürnberg 6 Bahnlinien u. s. f. Die Hauptindustriegegenden aber sind von einem ganzen Netz von Bahnen überzogen.

## § 34.

## Die Kolonieen Deutschlands in Westafrika.

Während die ersten Anfänge der Kultur sich in Ländern zeigten, welche durch Klima, Bodenprodukte, ihre Pflanzen- und Tierwelt eine größere Begünstigung von der Natur erfahren haben, hat sich die weitere Entwicklung der Kultur im Mittelalter und in der neueren Zeit wesentlich dort vollzogen, wo die weniger günstige Natur den Menschen zu nachhaltigem, angestrengtem Fleiße zwang. Ein Teil der zum Leben oder doch zu einer gewissen Behaglichkeit des Lebens nötigen bez. sehr erwünschten Produkte war aber nie in diesen Ländern zu erringen, sie mußten aus andern Gebieten beschafft werden, so z. B. die Spezereien und Gewürze Indiens, die feinen Wollenstoffe, Baumwolle u. s. w. Diese Gegenstände wurden durch den Handel, der wesentlich in den Händen der Araber und der Italiener (Genua, Venedig, Pisa) lag, nach dem westlichen und nördlichen Europa gebracht; der Preis dieser Waren war selbstverständlich ein sehr hoher.

Um den Zwischenhandel zu umgehen, suchten im 15. Jahrhundert zunächst die Portugiesen und später die Spanier einen Weg nach dem Wunderlande Indien, aus dem die meisten der begehrten Waren stammten. Als durch die Entdeckungsreisen zahlreiche Länder mit einer Bevölkerung niederer Kulturstufen aufgefunden wurden (Afrika, Süd- und Ostasien, ganz Amerika und zuletzt die australische

Inselflur), da beeilten sich die europäischen Völker, Portugiesen, Spanier, Holländer, Engländer, Franzosen, möglichst ausgedehnte Landstriche in Besitz zu nehmen, um sich die Schätze derselben bez. den Handel mit ihnen zu sichern. Sie gründeten allerwärts Handelsniederlassungen und Kolonieen. Deutschland bildete kein einiges Reich, das Interesse der Herrscher wurde ausschließlich durch innere Angelegenheiten, durch Kriege gegen die Türken und die Franzosen, durch Sorge um Vergrößerung der Hausmacht in Anspruch genommen. Der Handel der mächtigen Hansastädte richtete sich infolge der natürlichen Verhältnisse wesentlich nach Skandinavien und den Ostseeländern; sie gründeten hier zahlreiche Städte, welche rasch aufblühten und deutsche Kultur verbreiteten; ein Beispiel bietet nam. Nowgorod im heutigen Rußland. Nur der Große Kurfürst Friedrich Wilhelm erkannte mit richtigem Blicke die Wichtigkeit der ausländischen Kolonieen für die Entwicklung der Heimat und gründete Niederlassungen an der Küste von Ober-Guinea in Afrika. Seine Nachfolger vermochten den Kolonieen nicht die nötige Sorge zuzuwenden. Daher wurden diese unter Friedrich Wilhelm I. verkauft.

Während nun der Ueberschuß an Kräften, die in der Heimat keine genügende Verwertung fanden und daher in fernen Landen ein neues Heim gründeten, bei den Franzosen, Engländern, Holländern in die Kolonieen des Vaterlandes auswanderte und dadurch zur Entwicklung und Kräftigung des letztern beitrugen, zogen die Deutschen nach allen Gegenden der Erde, gründeten blühende Dörfer und Städte, aber die Früchte ihrer kulturellen Arbeit kamen nicht ihrem Vaterlande zu gute, sondern fremden Völkern. Seit aber Deutschland aus einem geographischen Begriffe herausgetreten und durch Wilhelm I. zu einem einheitlichen Staate umgebildet ist, hat sich das Augenmerk der Herrscher auch auf die Gewinnung von Kolonieen gerichtet.

Die bisher gewonnenen Lande liegen zum weitaus größten Teile in der heißen Zone, den sog. Tropen. Die Sonne sendet täglich ihre Strahlen in den Gebieten nahe dem Aequator senkrecht oder nahezu senkrecht auf die Erde; daher erwärmt sich hier die Luft am stärksten und nimmt über dem Meere Mengen von Wasserdampf auf; durch diese Erwärmung dehnt sie sich aus und steigt daher in die Höhe, um in den oberen Regionen nach Nord und Süd abzufließen. Hierbei findet in horizontaler Richtung keine Bewegung der Luft, d. h. kein Wind statt; es ist dies der 250—1000 km breite Kalmengürtel Es würde indes falsch sein, sich vorzustellen, daß in dieser Zone überhaupt stets Windstille herrsche; dieselbe wird hier nur viel häufiger als in anderen Gegenden beobachtet. Durch die Ausdehnung der Luft bei der Erwärmung nimmt der Druck der Atmosphäre ab (das Barometer sinkt), daher muß von beiden Seiten trockene, kühlere und daher schwerere Luft in den Kalmengürtel einströmen und den aufsteigenden Strom ersetzen; es sind die Passatwinde, welche zufolge der Drehung der Erde als Nordost- und Südostpassat erscheinen müssen; sie wehen mit außerordentlicher Gleichmäßigkeit in breiten Zonen zu beiden Seiten der Kalmen. Da sie von verhältnismäßig trockener — weil kühlerer — Luft gebildet werden, müssen die von ihnen getroffenen Gegenden regenarm bez. regenlos sein (Sahara u. s. f.). Dringt aber die kalte Luft in die feuchtwarme der Kalmen, so wird letztere stark abgekühlt und es entstehen die heftigen Gewitter mit den starken tropischen Regen. Innerhalb des Kalmengürtels tritt meist täglich der Regen ein, der regelmäßig auch von starken Winden begleitet ist.

Da infolge der Schiefe der Ekliptik die Stellung der Erde zur Sonne sich täglich ändert und die letztere während der einen Hälfte des Jahres nördlich des Aequators, während der anderen Hälfte aber südlich steht, so bleibt die Zone der Windstillen auch nicht auf derselben Stelle, sondern wandert bald nach Norden, bald nach Süden. Die unter dem Aequator, bez. nahe demselben liegenden Erdstriche werden bei dieser Wanderung der Kalmen zweimal von ihnen betroffen, die nach den Wendekreisen gelegenen nur einmal. Daher erklärt es sich, daß weite Länder jedes Jahr zwei Regenperioden (Herrschaft der Kalmen) und zwei trockene Jahreszeiten (Herrschaft der Passatwinde) haben, andere dagegen nur eine.

Das feste Land erwärmt sich rascher unter dem Einflusse der Sonne, als das Meer, und umgekehrt kühlt es sich auch wieder um so rascher ab. (Hieraus erklären sich der Landwind und der Seewind an den Küsten.) Infolge dessen zieht der Kalmengürtel über den Kontinenten rascher weiter, als über den Oceanen; an den Küsten stehen deshalb die Teile des Kalmengürtels nicht in Zusammenhang, und hier in diesen Gebieten, wo die Passate mitten in die Kalmen eindringen, entstehen jene furchtbaren Wirbelwinde (Tornados), die häufig ganze Landstrecken verwüsten.

Pflanzen und Tiere müssen in den Tropen große Hitze, dauernde Trockenheit und dann wieder die schwüle, feuchte Luft in der Regenzeit mit kühlen Nächten ertragen können. Andere Kulturpflanzen sind daher hier von den Bewohnern zu ziehen, als in unserem Vaterlande, und auch andere Tiere, oder wenigstens andere Rassen sind zu züchten. Auch die Art des Ackerbaues muß eine andere sein, es ist der sog. Plantagenbau. Der Körper der Europäer ist fast nie imstande, längere Zeit das Klima der Tropen zu ertragen; nur allmähliche Gewöhnung kann die Europäer „akklimatisieren“.

Die deutschen Kolonieen in Westafrika sind: Togoland, Kamerun und Südwestafrika.

1. Das Togoland (Klein-Popo) liegt an der Sklavenküste in Oberguinea, etwa 6° n. Br., 1° östl. L. Die Küste ist sehr flach und senkt sich nur sehr allmählich, auch in dem Meere; daher bilden die Wellen des Oceans eine starke Brandung, welche nur zur Zeit des Nordost-Passats (November bis Februar) leichter zu überwinden ist.

Waren und Reisende können in den übrigen Zeiten von den Dampfschiffen, die im offenen Oceane vor Anker gehen müssen, nur durch die Neger an das Land gefahren, bez. getragen werden. Hinter einem schmalen Küstenstreifen liegen flache Lagunen, und hinter diesen erhebt sich das Land allmählich zu einer Hochfläche. Eine Gebirgskette (höchster Punkt etwa 2350 m hoch) erstreckt sich vom Voltastrome nach Nordosten. Die Größe des Gebietes erreicht etwa die von Bayern; das Gebiet ist östlich von dem unter französischer Herrschaft stehenden Königreich Dahome begrenzt, und westlich scheidet der weit schiffbare Fluß Volta dasselbe von englischem Schutzgebiet. Die zahlreichen Bewohner (auf 2 Mill. geschätzt) gehören alle zu den Negern. — Die Rasse der Neger hat als hervorragende körperliche Merkmale: dichtes, wolliges, schwarzes Kopfhaar, kleinen Gesichtswinkel, längliche Schädel, lange Arme; dabei fehlen der Haut die feinen Flimmerhaare, während die Zahl der Poren außerordentlich groß ist. Die Stirn ist klein, die Lippen sind wulstig aufgeworfen, die Nase ist breit, flach mit großen Nasenlöchern. Geistig steht der Neger meist auf der Stufe des Kindes, nimmt rasch Eindrücke auf, um sie ebenso rasch wieder zu vergessen; daher schlägt seine Stimmung rasch um. Zu energischer Arbeit kommt er aus sich selbst nie; er ist prunksüchtig, sorglos und prahlt gern. Die meisten Neger sind noch Heiden (Fetischanbeter), teilweise haben sie auch den Muhamedanismus angenommen. Sprachen lernen sie leicht und sind große Freunde von Musik; Anschauung von räumlichen Verhältnissen, von Zahlen und Größen fehlen ihnen.

Das Klima in den Tropenländern ist heiß, an der Küste beträgt die mittlere Jahreswärme 26°, im Innern fällt die Temperatur bei Südwind (im Februar) auf 21°, dabei ist die Regenhöhe weit geringer, als an den weiter westlich gelegenen Küsten und im Delta des Niger. Die Regenzeiten fallen von März bis Mai und September bis Oktober. Der Boden ist nam. nach der Küste von einer fruchtbaren Humusschicht bedeckt. Die Bewohner, welche eigene Staatseinrichtung unter der Oberhoheit der deutschen Verwaltung besitzen, treiben Ackerbau, im Innern Viehzucht. Ersterer giebt Yamswurzeln, Mais, Reis. In neuester Zeit sind auch Plantagen (Kaffee, Kakao) angelegt. Die Viehzucht beschränkt sich wesentlich auf Schweine und Rinder. Wichtig sind die Wälder, welche aber infolge der häufigen Savannenbrände noch nicht 30% des Landes bedecken; sie liefern treffliches Nutzholz; die viel angebaute Oelpalme liefert Palmöl und Palmkerne, die an den Küsten verbreitete Kokospalme Früchte und Palmwein. In den Wäldern wächst in Menge eine Liane, deren Saft rasch verdickt uns Kautschuck giebt. Die Weiterschaffung der Güter erfolgt nur durch Karawanen auf schmalen, aber gut gehaltenen Fußwegen. Zur Ausfuhr gelangen fast ausschließlich Palmöl, Palmkerne und Gummi, während Baumwollstoffe, Glasperlen und allerlei andere europäische Waren eingeführt werden. — Die wichtigste Stadt an der Küste ist

Klein Povo (10 000 Ew.) Im Binnenlande ist Salanga der Hauptt-handelsplatz. Der deutsche Kommissar wohnt im Dorfe Sebbe.

2) Kamerun liegt östlich des Nigerdeltas an der Bai von Biafra. Die Küste erstreckt sich auf eine Länge von nahe an 300 km von N. nach S., und ist im N. durch zahlreiche Aestuarien — trichterförmige weite Mündungen der wasserreichen Ströme, mit Ebbe und Flut — stark gegliedert, sodaß Schiffe sichere Ankerplätze dicht am Lande finden. Das deutsche Interessengebiet reicht nach NO. über den Benue (großen Nebenfluß des Niger) hinaus bis zu dem Südufer des Tsadsees und dem Mündungsgebiet des großen Stromes Schari; es umfaßt außer den Küstenländern das Reich Adamaua. Oestlich und südlich stößt es an das französische Kongoland, nordwestlich an englisches Interessengebiet. Als wirklich in deutschen Besitz genommen kann man nur die Küstenländer ansehen; in dem Binnenlande sind Reiche verschiedener Negerstämme, mit denen durch Verträge Handelsverkehr angebahnt wird und die gleichzeitig unter deutschen Schutz gelangen.

Dicht am Meere erhebt sich im N. des Landes das Massiv des vulkanischen Kamerungebirges, das mit seiner Spitze Monga ma Loba (Gottesberg) zu 4200 m ansteigt, und das dem ganzen Gebiete den Namen gegeben hat. Der Berg ist bis zu einer Höhe von 2000 m mit dichtem Walde von Palmen aller Art, Bananen und andern Bäumen der heißen Zone bedeckt, dann folgt ein Savannengebiet und die Spitze, auf welcher zeitweise Schnee fällt, besteht aus Lava, die von keiner Pflanzendecke überzogen ist. Das poröse vulkanische Gestein läßt den Regen sofort in das Innere des Bodens dringen, infolge dessen fehlen auf den Höhen die Quellen. — Außer am Kamerungebirge steigt die Küste nur allmählich an, erst in einer Entfernung von etwa 70 km von der Küste steigt das Land steil zu der etwa 700 m hohen ersten Terrasse der Hochfläche Afrikas. Die Flüsse sind zahlreich, sie durchbrechen das Randgebirge in Katarakten und Stromschnellen und sind meistens bis zu diesen letztern schiffbar, bilden daher treffliche natürliche Wege, auf denen die Reichtümer des Binnenlandes zur Küste gebracht werden können. Der bedeutendste Fluß ist der Kamerun. — Das Klima ist heiß, an der Küste feucht und ungesund; hier ist meist nur eine Regenperiode von Mai bis Oktober (Regenhöhe in Kamerun über 4 m), aber auch in der trockenen Zeit treten nicht selten Gewitter auf. Im Innern, auf dem Hochlande, ist das Klima erträglicher, hier sind zwei nasse und zwei trockene Jahreszeiten. Die Temperatur schwankt zwischen 10° und 36°.

Von wild vorkommenden Pflanzen sind Bananen, Palmen, Kaffeebaum, Baumwolle, Lianen und in den Sümpfen bez. an den Flußufern die Mangrovegebüsche zu erwähnen, von Tieren verschiedene Antilopenarten, Büffel, im Innern auch Elefanten.

Die Bewohner sind Neger verschiedener Stämme, an der Küste Duallaneger (etwa 1/2 Mill.); diese sind noch Fetischanbeter, während im Innern nach dem Tschadsee der Muhamedanismus weit ausgebreitet ist. Die Eingeborenen treiben Ackerbau, Viehzucht und Handel; sie gewinnen Yamswurzeln, Mais, Hirse, auch Kakao, ziehen Hühner, Ziegen, Schweine und schönes Rindvieh; die Hauptgegenstände des Handels und der Ausfuhr sind Palmöl, vortreffliches Holz, Guttapercha, Kopal und Elfenbein. Wird erst der Weg ins Innere geöffnet und werden Plantagen angelegt, so werden Tabak, Kakao, Kaffee, Baumwolle neben den bisherigen Produkten zur Massenausfuhr gelangen. Als Arbeiter werden lieber die kräftigen Dahomeleute als die weniger starken Dualla verwendet. — Die zahlreichen Missionen (mit Schulen) wirken sehr gut, sie verbreiten Christentum und gleichzeitig Kultur unter den Bewohnern.

An der Spitze der Verwaltung steht der Gouverneur, dem ein Kanzler zur Seite steht; der Sitz der Beamten ist Kamerun; außerdem befinden sich Bezirksamtmänner in Kribi (im Südbezirk) und in Viktoria (im Nordbezirk).

3. Deutsch-Südwestafrika dehnt sich zwischen den Mündungen der Flüsse Oranje und Kunene an der Küste aus, wird im N. von Portugiesisch Guinea begrenzt und reicht im NO. bis an den gewaltigen Zambesistrom; im S. scheidet der Oranje das deutsche Gebiet von dem englischen Kaplande, gegen O. bildet der 20° östl. L. die Grenze gegen Britisch Betschuanaland, weiter der 21° ö. L. gegen das Land der freien Hottentotten. Das deutsche Gebiet umfaßt hauptsächlich Groß Nama-, Damara- und Ovamboland und ist etwa 1½ mal so groß als Deutschland. Die Küste ist flach und sandig, der beste in der Mitte gelegene Hafen „Walfischbai“ gehört den Engländern; deutsch sind die beiden kleineren Häfen Sandwichhafen und Angra Pequena. Hinter den Sanddünen des Strandes erhebt sich der Boden, im S. allmählich, im N. steil zu einem Randgebirge, welches die innere von einzelnen Gebirgsketten durchzogene Hochfläche begrenzt. Flüsse, welche während des ganzen Jahres Wasser führen, sind im W. nur die beiden Grenzflüsse Oranje und Kunene, im O. der zum Ngamisee sich wendende Kubango, sowie der Zambesi. Sonst finden sich im Lande nur sogen. Regenströme, welche zur Zeit der tropischen Regen rasch stark anschwellen, das Land weithin überfluten, um in der trockenen Jahreszeit wieder zu verschwinden. Quellen giebt es nur vereinzelt, die meisten sind dabei heiß, sonst sammelt man das Regenwasser in Cisternen zum Gebrauche. Die Europäer legen künstliche (artesische) Brunnen an, da sich im Gestein vielfach reiche Wasseradern finden. — Das Klima des Landes ist je nach der Gegend sehr verschieden, im ganzen kühler und gesünder als in den beiden vorhergenannten Kolonien. An der Küste macht sich der Einfluß des Oceans geltend, die Temperatur zeigt nur geringe Unterschiede, die mittlere Jahreswärme beträgt durchschnittlich 20°, Frost ist unbekannt, Regen und Nebel sind häufiger als im Binnenlande; in letzterem herrscht völlig kontinentales Klima, die Temperatur sinkt bis unter den Ge-

frierpunkt, steigt aber bisweilen über 40°. Der Norden hat eine trockene und eine Regenzeit, der südliche Teil liegt dagegen im Gebiet des trockenen Südost-Passats und es treten nur Sommerregen ein. Während im Norden noch prächtige Palmwälder das Land auf große Ausdehnung bedecken, auf dem fruchtbaren Ackerlande Mais, Tabak u. a. Pflanzen reiche Ernte liefern, sind die südl. Küste und weite Strecken des Innern unfruchtbares Sandland mit ärmlicher Flora (Heide- und Grasarten). Auf der Hochfläche eignen sich die mit Gras bedeckten Flächen für Viehzucht, nam. Schafzucht. Mit Erfolg hat man an einzelnen Punkten die künstliche Zucht des Straußes eingeführt. Von Tieren sind die Antilopen, Hyänen, Schakale zahlreich, es kommen außerdem vor der Löwe, Strauß, im Norden der Elefant, in den Flüssen das Flußpferd. Reich ist das Land an Metallen, nam. Kupfer, doch ist die Gewinnung und der Transport zur Küste zu teuer, um mit dem Bergbau energischer vorzugehen. Die Bewohner sind im N. die kräftigen Herero, welche zur Rasse der Kaffern (Bantuneger) gehören, im S. die Hottentotten (in eigner Sprache Koi-Koin, bez. Naman), eine eigene Rasse von kleiner Statur, büschelhaarig, sehr häßlich, auf verhältnismäßig niederer Kulturstufe (mit eigentümlichen Schnalzlauten in der Sprache), ferner die mit ihnen nahe verwandten Buschmänner im O., durch die Ungunst ihres wüstenartigen Landes sehr heruntergekommen, und endlich die Bastards, Mischlinge von holländischen Boers und Hottentotten. Die Herero sind Ackerbauer, gewinnen Hirse, Mais u. s f. Die einzelnen Stämme liegen in steten Kämpfen untereinander. — Die europäischen Ansiedler, in ihrer Existenz von dem Vorhandensein von Wasser abhängig, betreiben Acker-, Wein-, Obstbau und Viehzucht. Die Missionen haben bereits außerordentlich gut gewirkt. Die Entwicklung des Landes hängt wesentlich auch von der Gewinnung eines guten Hafens ab. — An der Spitze der Verwaltung steht ein kaiserl. Kommissar, der in Kl. Windhoek (im Gebirge, mit heißen Quellen) wohnt. Andere Orte sind Groß Windhoek und Rehoboth. Ausgeführt werden: Straußfedern, Tierhäute, Felle, Hörner, Elfenbein, Gummi. Der ganze Verkehr geht zur Kapstadt.

## § 35.

## Die deutschen Kolonien in Ostafrika und Australien.

1. Deutsch-Ostafrika ist die größte deutsche Besitzung, der Flächeninhalt ist doppelt so groß als das deutsche Reich selbst. Das deutsche Gebiet umfaßt das Land zwischen den großen afrikanischen Seeen und dem Indischen Oceane, von der Mündung von 4° 40′ südl. Breite bis zu der Mündung des Rovuma, und wird umschlossen von englischem Besitz, dem Kongostaate (unter der Hoheit des Königs der Belgier stehend) und den portugiesischen Kolonieen. Von den vorliegenden Inseln stehen die beiden größten und wichtigsten — Pemba und Sansibar —, welche das Reich des Sultans von Sansibar

bilden, unter britischem Schutze, und nur die kleinere Insel Mafia — wegen des sumpfigen Bodens von wenig Wert — ist deutsch. Die Küste ist von einem Saume von Korallen umgeben, welche die Schifffahrt sehr gefährlich machen.

Die Korallen, welche nur in Meerwasser von mindestens 20° Wärme fortkommen, bauen sich auf dem Boden in geringer Tiefe des Meeres an und führen ihre Bauten bis nahe an den Wasserspiegel in die Höhe. Die Aeste bilden ein festes Gewirr, in welchem die von den sturmgepeitschten Wogen abgerissenen Teile sich verfangen, sodaß schließlich ein undurchdringlicher Wall entsteht; dadurch wird das Festland von dem offenen Meere getrennt, und nur an den Stellen, wo stärkere Flüsse süßes oder schmutziges Wasser in das Meer ergießen und so den Bau der Barriere verhindern, ist das Korallenriff unterbrochen, und hier ist für die Schiffe eine oft sehr enge Einfahrt möglich.

Die Küste selbst ist meist flach, sandig oder sumpfig, doch zieht sich nicht fern von derselben und parallel mit ihr ein Wall alter Korallenriffe, ein Beweis, daß die Küste sich aus dem Meere gehoben hat. Da sie wenig gegliedert ist, sind die Häfen wenig zahlreich und klein. Das Gebirge erhebt sich einige Kilometer vom Meere in Terrassen zur innerafrikanischen Hochebene (5—800 m), welche von einzelnen Kegelbergen und kleinen Höhenzügen gekrönt ist. Der bedeutendste Berg ist der schneebedeckte Vulkan Kilima-Ndjaro (6200 m) im N. des Gebietes; seine höchste Spitze wird „Kaiser-Wilhelm-Spitze" genannt. — Die Zahl der fließenden Gewässer, welche in den Indischen Ocean münden, ist groß; zur Regenzeit schwellen sie gewaltig an, überfluten die Niederungen und verwüsten weite Strecken, zur trockenen Jahreszeit aber schrumpfen sie rasch wieder zusammen, verschwinden sogar zumteil auf der Hochfläche ganz, und sind daher außer dem Rufidji für die Schiffahrt bedeutungslos, und das um so mehr, als sie vielfach Stromschnellen und Katarakte bilden. Das innere Hochland enthält aber gewaltige Seeen, die zu den drei Stromsystemen des Nil, Kongo und Sambesi gehören. Zu letzterem wendet sich der Schire, der Abfluß des Njassa-Sees, dessen Nordostufer zum deutschen Gebiete gehört. Der langgestreckte Tanganika-See bildet die Grenze zwischen dem Kongo-Staate und Deutsch-Ostafrika, sein Abfluß Lukuga geht zum Kongo. Von dem Viktoria-Njanza, der die zahllosen Quellflüsse des Nil in seinem gewaltigen Becken sammelt, gehört die größere südliche Hälfte zu der deutschen Kolonie.

Infolge der viel rascheren Erwärmung des Landes, als des Meeres zieht der Kalmengürtel über dem Indischen Ocean während der Sommerzeit der nördlichen Halbkugel sehr rasch und weit nach Norden, daher strömt in der Zeit von April bis September die Luft vom Oceane nach dem nördlich gelegenen Kontinente, und wird durch die Rotation der Erde abgelenkt zu Südwestwind. Während sonst — außer den örtlichen Aenderungen — der Passatwind nur aus Nordost oder aus Südost weht, herrschen über dem nördl. Indischen Meere und den angrenzenden Ländern Nordost und Südwest (je die Hälfte des Jahres), und diese Winde werden Monsun genannt.

An der nördlichen Küste des deutschen Gebietes herrschen diese Monsunwinde, zwischen den beiden Zeiten derselben (April und Oktober—November) ist der Wind schwankend (Zeit der „zwei Segel“). Die Südküste dagegen und die Hochfläche stehen völlig unter dem Einflusse des Südostpassates und der Kalmen. Am Nyassasee ist eine Regenzeit von 5 Monaten (November—März) und eine trockene Jahreszeit; weiter nach Norden scheiden sich beide in zwei, die am Viktoria-Njanza fast gleichförmig auf das Jahr verteilt sind. Daher haben die Bewohner dieser Gegenden, die Waganda, zwei Saaten und zwei Ernten im Jahre und rechnen nach Jahren von 6 Monaten. Die Regenmenge ist an der Küste sehr groß und daher ist das Klima bei der feuchten Hitze für die Europäer sehr ungesund; auch auf dem Plateau übersteigt die Regenhöhe vielfach 1 m, während kleinere Bezirke regenarm sind und sogar den Charakter der Wüste annehmen. Dabei sind die Temperaturunterschiede ziemlich groß.

Bodenschätze sind bisher nicht gefunden worden; die Pflanzenwelt zeigt fast dieselben Gewächse, wie Kamerun; an der Küste überwiegt die Kokospalme. Auf der Hochfläche wechseln ausgedehnte Urwälder mit weiten Savannen. Unter den zahlreichen Tieren sind Zebra, Gnu, Antilope, Büffel, Giraffe, Strauß, Nashorn, Löwe, Hyäne, Elefant, Krokodil zu nennen.

Die Bewohner sind meist Bantuneger, zerfallen in zahlreiche Stämme, welche sich gegenseitig stets befehden; die schlimmsten Räuber unter ihnen sind die Mafitti und Wahehe; im S. die Massai, welche von N. her eingedrungen sind und als wilde Räuber auftreten, scheinen zu der Nubarasse zu gehören. Der Ackerbau bringt Hirse, Negerkorn, Bohnen, Mais, Reis; die Viehzucht (Hühner, Ziegen, Rinder) ist recht bedeutend. Der Handel lag früher ausschließlich in den Händen der Araber, an der Küste in denen der Hindu. Erstere trieben nam. auch Sklavenjagden, verbreiteten auch den Islam. Die deutsche Regierung hat dem Sklavenraub und dem Sklavenhandel ein Ende gemacht, und sucht nam. die Karawanenstraßen zu sichern. Die großen Seeen werden schon von Dampfschiffen befahren und eine Eisenbahn soll von der Küste in das Innere gebaut werden. Durch Plantagenbau sucht man das Land zu heben, gewonnen werden Tabak, Kaffee, Kakao, Reis, Baumwolle, Vanille; daneben bilden Elfenbein, Rhinoceroshörner, Häute, Kautschuk, Kopal, Sesam, Reis, Zucker, Holz, Tabak u. s f. die wichtigeren Ausfuhrprodukte. Bei der Einfuhr nehmen die Baumwollenwaren den ersten Platz ein. — Die Missionen haben im Innern schon große Erfolge aufzuweisen.

Die Haupthafenplätze sind: Tanga, von wo eine Eisenbahn in das Gebiet des Kilima-Ndjaro gebaut werden soll; Bagamoyo, der Haupthandelsplatz; Dar-es-Salaam (6000 Ew.), der beste

Hafen der Küste, Sitz des Gouverneurs. Kilwa, Handelsplatz im Süden. Im Innern ist Tabora (15000 Ew.) der Hauptort.

2. Das Kaiser-Wilhelmsland umfaßt den nordöstlichen Teil der Insel Neu-Guinea. Im W. bildet der 141° östl. L. die Grenze gegen das holländische Interessengebiet, im S. scheidet das hohe Gebirge das deutsche von dem englischen Land. Die Küste ist reich gegliedert, die Astrolabe-Bai und der Huon-Golf greifen tief ein, die Zahl der guten Häfen ist ziemlich bedeutend, der beste ist der Finschhafen. Groß ist auch die Zahl der vorliegenden kleinen Inseln, vielfach durch Korallenbauten entstanden.

Das Innere ist noch wenig erforscht, da es an Verkehrswegen und an Trägern fehlt. Durch die ganze Insel zieht sich eine gewaltige Bergkette mit Gipfeln bis zu 5000 m Höhe (Bismarck-Geb. genannt), von welchem einzelne Querketten sich nach N. im deutschen Schutzgebiete bis zum Meere erstrecken; dazwischen liegen fruchtbare Ebenen. Die Zahl der Flüsse ist groß, der bedeutendste ist der Kaiserin-Augusta-Strom, der als Verkehrsader wohl Bedeutung erlangen wird. Das Klima ist feucht-heiß, dabei infolge der Lage an dem Großen Oceane ziemlich gleichförmig; die mittlere Jahreswärme beträgt +26° an der Küste. Der Südwestmonsun weht den größeren Teil des Jahres, der Nordostmonsun von Ende Dezember bis zum April. Der Regen, dessen Höhe an der Küste zwischen 2 und 3 m beträgt, ist auf das ganze Jahr verteilt, doch sind der Juni und Juli in einzelnen Gegenden die regenreichsten, in andern die regenärmsten Monate.

Von Pflanzen ist die allerwärts an den Küsten vorkommende Kokospalme wohl am wichtigsten; die großen Urwälder mit gewaltigen Baumriesen und Schlingpflanzen bergen noch große Schätze, sind aber noch nicht durchforscht. Die Mangrovegebüsche sind wenig häufig, dem offenen Graslande fehlen die Futterkräuter, es ist daher nicht für die Viehzucht geeignet, es fehlen ihm aber auch die Gebüsche von Akazien und Eukalypten. Von wild vorkommenden Tieren sind eine Art Wildschwein, der fliegende Hund, eine Beutelratte, die Krontaube, der Paradiesvogel, der Kasuar und die Papageien zu erwähnen.

Die Bewohner sind Papuaneger, eine besondere Rasse, ausgezeichnet durch ihren starken Haarwuchs (Büschelhaare), dunkle Hautfarbe, breite Nasen, dicke Lippen, niedere Stirn, starke Backenknochen u. s. f. Das Bergland ist arm an Bevölkerung, die meisten Dörfer findet man an den Flüssen, wo die Häuser auf Pfählen im Wasser stehen, sodaß nach dem Wegziehen der Brücke, die zum Lande führt, das Haus nicht zu erreichen ist. Die Menschen, vielfach ohne jede Bekleidung, sind bedürfnislos; sie treiben keinen Ackerbau, züchten aber Schweine und Hunde, leben von deren Fleisch, von dem sehr ergiebigen Fischfang, von den Früchten der Kokospalme und des Brotfruchtbaumes und von den Ergebnissen der Jagd. Sie treiben keinen Handel, ziehen sich vor den Weißen scheu zurück und sind nicht zur Arbeit auf den Plantagen zu gewinnen; es müssen daher fremde Arbeiter (Kuli) hierher gebracht werden; diese kommen vom Bismarckarchipel, aus Samoa, Java und China. Gewonnen werden neben den natürlichen Produkten der Kokospalme: Perlmutterschalen und Schildplatt, vorzüglicher Tabak und Baumwolle; Versuche mit dem Anbau von Kakao und Kaffee werden gemacht. An der Spitze der Verwaltung steht ein Landeshauptmann.

3. Der Bismarck Archipel besteht aus mehreren größeren und einer Reihe kleinerer Inseln, nordöstlich von Kaiser Wilhelmsland. Die drei bedeutendsten sind Neu-Pommern, Neu-Mecklenburg Neu-Hannover, sie sind gebirgig mit Höhen über 1500 m; zahlreich sind die thätigen Vulkane. Die kleinen Inseln sind fast ausschließlich Koralleninseln (Atolle), welche durch einen Kranz von Korallenbauten entstehen und in der Mitte einen ruhigen See einschließen, sie tragen nam. Kokospalmen. Flora, Fauna und Bewohner stimmen mit dem Kaiser Wilhelmsland überein, nur sind die Papua schon zu Ackerbau und Handel übergegangen; sie bauen Kokospalmen, Yams, Melonen, Mandeln, auch Gemüse und Zuckerrohr, ziehen Hühner und Schweine, und kommen mit den Erträgnissen auf die Handelsplätze; doch sind sie auch noch Menschenfresser. Missionaire suchen mit Erfolg das Christentum und damit auch die Kultur auszubreiten. Die Europäer haben Kaffee- und Baumwollpflanzungen angelegt, die vortrefflich bei dem fruchtbaren Boden und dem gleichmäßigen, durch die Seewinde gemäßigten Klima gedeihen. Politisch sind die Inseln mit Kaiser Wilhelmsland vereinigt.

4) Die nordwestlichen Salomo-Inseln — Bougainville, Choiseul und Isabel — bilden mit zahlreichen kleinen Atollen die südöstliche Fortsetzung der vorigen Gruppe; sie sind vulkanisch, — die höchste Bergspitze soll zu nahe 3000 m ansteigen. Klima, Pflanzen und Tiere sind dieselben wie auf dem Bismarckarchipel, die Bewohner sind auch von derselben Rasse, haben aber vielfach andere Sitten; sie tättowieren sich, tragen gern Schmuck, sind sehr fleißige Ackerbauer, tüchtige Seefahrer und sehr geschickte Fischer. Yams, Bananen, Kokosnüsse, Fische, Schildkröten, Schweine bilden ihre Nahrung, besonders aber ist Menschenfleisch beliebt. Palmwein bereiten sie sich selbst und sind große Freunde von Tabak. Der Tauschhandel ist sehr lebhaft. Die Inseln sind der Verwaltung von Kaiser Wilhelmsland unterstellt. Die nicht deutschen Inseln dieser Gruppe gehören England.

5) Die Marschall-Inseln umfassen die beiden Gruppen der Ratak- und Ralikinseln, nordöstlich der vorhergehenden zwischen 4° und 15° n. Br., 164° und 174° östl. L. Es sind zahllose kleine, niedre Atolle mit Schilf, Kokospalmen und Brotfruchtbäumen. Von Tieren sind nur Tauben, Eidechsen und einige Vögel einheimisch; Schweine, Hühner, Enten hat man eingeführt. Das Klima ist milde und angenehm, die wenig zahlreichen Bewohner (etwa 10000) gehören zu den Mikronesiern, Mischlingen von Australiern und Papua. Sie pflanzen die Kokospalme an, sind sehr genügsam, dabei träge.

Fischfang und Tauschhandel bilden ihre Haupterwerbsquellen. Kopra bildet den Hauptausfuhrartikel. Viele Bewohner sind zum Christentum bekehrt. Der deutsche Kommissar, der die Verwaltung führt, wohnt auf der bedeutendsten Insel Jaluit. Der Verkehr mit Deutschland erfolgt über San Francisco-Newyork.

Zeitfracht Medien GmbH
Ferdinand-Jühlke-Straße 7
99095 Erfurt, Deutschland
produktsicherheit@kolibri360.de